U0590871

中国乡土建筑

婺源

薛力 著

中国建筑工业出版社

自序

　　中国乡土建筑是很美的。它是中国文化的重要体现。

　　乡土建筑实际上是传统的老房子。它的好，并不仅在于它的老。它是因为好，才保存得老的。它的好，也并不一定是指它符合我们的要求，而是指它在当时的背景下，达到了内在要求和外部条件的统一。人们觉得有些建筑不如以前的老房子，并不一定是指它的绝对指标不如后者，而是指它的内在要求并未与外部条件达到统一，也就是说它没有做到现有背景下的尽善尽美。乡土建筑为什么能够如此呢？这是因为它是在长期演变过程中不断完善的结果。以民居来说，第一代房子建成后，人们会在使用过程中记下它的优、缺点，在后代建房时，就会发扬这些优点，改正这些缺点。在后代的使用中，也会出现一些优、缺点，那么下一代人在建房时将会再次发扬优点、改正缺点。经过漫长的实践、多次的迭代，房屋就会向理想的答案逐步逼近。现在有些建筑也是遵循这个思路的，但是考察的时间不够长，扬弃的次数不够多，自然还是有很大改善余地的。

　　既然乡土建筑是长期实践和多次迭代的产物，那么房屋的设计者是谁也就很模糊了。尽管这个房子没有什么缺点，甚至可称完美，但建设者知道，这都是以前经验的积累，是外部条件的必然，换一个工匠来做，也会得到八九不离十的答案，这并非是一件值得夸耀的事情。所以工匠很少把设计看成是创作，他们往往更喜欢把它当作是解题，即根据外部条件来求解。外部条件获取越多，答案就越接近正解。当不同的师傅得到同样的条件时，他们的解答大多也是相同的。在一个地区，民居的布局基本相似，风格大多类同，就是因为各位师傅都认识到了同样的条件，并依照这些条件行事的结果。他们甚至认为是场地中的条件在做设计，是这些条件借助自己的手，画出了一张张蓝图。工匠自然觉得设计出这样的房子是没什么骄傲的。现在，有些人喜欢强调主观能动性，给设计贴上自己的标签。他们在收获个性的同时，也会得到它的约束，这就是古人所说的业障。

乡土建筑的营造中，首先寻找外部条件的人就是风水师，他的地位是高于木匠、瓦匠和石匠的。风水师看地方要花很长时间，有的甚至超过二三十年，因为在选择场地的时候，从宏观到微观，各种情况都要通盘考虑。合适的场地一经选好，建筑的理想布局基本就有了，其余的材料、结构、构造等随之而定。任何一个场地在一定条件下，有且只有一个正确答案。这个答案或许我们永远也到达不了，但它是客观存在的。有人认为各花各世界，一个用地中的答案总是异彩纷呈的。这个看法是将过程当成了终点。万事万物的结构关系其实早就在那里，只是等着我们去发现而已。那些异彩纷呈，其实只是寻找终点的驿站。终点只有一个，而驿站却有很多。只有充分认知外部条件，才能使自己的答案在那条正确道路的驿站上，向着终点靠拢。

在比较老房子的时候，一个直观的做法是看谁的外部造型更好看。其实，造型本身是无所谓好看与否的。不承认这一点，就会在方形和圆形中得出某个更美的主观结论。稍微深入地比较，是看房子的内部空间是否出彩。这似乎涉及建筑内部了，但这种比较还是孤立的，并没有说服力。圆形的内部空间就一定比方形的好吗？这没有定论。真正值得比较的是关系，是造型空间和它所承担的任务的关系，而非静止的造型空间本身。在建筑的比较中，要看这些造型空间的目的是什么？它如果能够实现目的，就是好的；如果不能够实现目的，就是有待完善的。因此，欣赏建筑的主要一条是看它是否实现其目的。目的是有多种的，有的是为了追求造型的不同凡响，有的则是为了空间的好用，还有的则是在让环境更美的过程中，实现布局的必然。这些目的或者是东家要求的，或者是风水师看场地得来的。这时候就要看哪个目的更有价值。要想提高目的的价值，道德出发点就要高。只有具备了很高的道德站位，建房的目的才会更有意义，建筑所承担的任务才会更重，它所拥有的发展潜力才会更大。作为回报，它的指向性也会更加明显。因此，如果随后的设计都是合乎逻辑的推演，那么道德高度就是建筑发展的天花板。什么样的道德高度才是最高呢？那就要看它是否最大可能地考虑到最广大、最长远的利益，是否最大限度地达到人与自然的统一、人与人的协调。要达到这一点，就要清空自己先入为主的思维定式，去倾听场地的私语。在这方面，固守成规的人会觉得很难，而谦虚的师傅总是心无芥蒂。

欣赏老房子，要站在当时的角度理解老房子的价值观，否则就会产生疑惑。比如，有人批评老房子的卧室又黑又小。从当前来看，的确如此。但是，卧室是古人解衣睡觉的地方。他们在其中的主要活动就是休息，并不需要看到外面，也不需要外面看到内部，只要有微光就可以了，这和现代卧室追求的宽敞、明亮肯定相差很远。又比如，我们看到有的古代家具有描金，觉得很俗气，但它们放在幽暗的卧室里却十分好看。再比如，我们觉得以前的房屋很封闭，外墙没有大窗，视野很不好。但古人认为，外墙开窗后，防卫性、热工性就降低了。而且，居住者的视线占据了外面的地盘，这是对环境的一种侵扰，以后就没有别家敢用这块场地了。另外，还有人觉得南方的小瓦顶不好，不挡风，容易坏，常漏雨。其实，小瓦顶的透风是保证屋内凉爽的条件。只要有人住，撤换瓦片非常容易。如果房子长期空置没人打理的话，渗漏就会从屋面开始，进而腐蚀木结构，导致房屋倒塌，这虽然是一种遗憾，但何尝不是一种易于降解的生态优势呢？

我们经常听到一句话，要让老房子适应我们的现代生活。其实，老房子是有适应能力的，它一直也是这么努力的。比如，徽州民居在明代时底层矮、二层高，出于便利生活的目的，清代逐渐变为底层高、二层矮；由于家庭规模变小、用地紧张，具有外天井的房屋也逐渐变成内天井的住宅；为了防火防盗，封火墙也产生了。面对丰富的现代生活，老房子的适应性发展是多方面的，哪怕是空置展示，也是一种选择。这就需要我们对老房子进行价值判断，寻找有利于充分发挥它们作用的方式。

　　另外，同其他事物一样，老房子有所能，也必将有所不能。看到它的"能"很容易，看到它的"不能"也不难，但尊重、接受乃至欣赏它的"不能"却很难。有时，它的"不能"也是其价值的体现，甚至可以给我们带来世界观的参照。我们既要让老房子适应自己的需要，也要敞开自己的胸怀，去适应老房子的"不能"，而非强行去改造它。它的这种"不能"，也许是我们现在条件下的"不能"，将来技术发展了，说不定就变成"能"了。也有可能我们将来的世界观发生变化了，觉得这种"不能"，也是一种"能"。因此，在面对老房子的难解之处，我们不妨留白，从长计议，把它们留给更有智慧的后人。就拿老房子的舒适性来说，它是很难通过改造满足现在人们的需求的。这就是它的"不能"。但是，这个"不能"里面却包含着绿色的、生态的思想，或可对我们滥用资源的不可持续的做法产生一点暗示。这也许就是古人通过老房子对我们发出的善意提醒吧。我曾经觉得在冬天的老房子里，开敞的堂屋很冷。老人当场就指出这是少穿衣服的原因。他们甚至认为，堂屋是卧室和室外的过渡，冷一点未必是坏事。让身体感受自然的节律，对健康也是有益的。

　　老房子的好，并不在于老，而是在于好。从这一点出发，我们欣赏老房子，主要是欣赏它的好。它的造型、空间是不是为了目的而生？它的目的是不是高尚？从目的到形态的因果关系是不是连贯？至于它是否新或老却在其次了。因为新的房子，第二天就变老了。老的房子，曾经肯定也是新的。这样的话，我们就可以从单纯欣赏老房子，扩大为欣赏其他建筑，乃至于一切物件了。当把这些事物的外部造型、内部空间、目的实现、道德追求之间的关系理顺之后，你会发现一切本该如此，万事万物只是在按照自己的规律在运转而已。

欣赏就是认识这些规律，设计就是把这些规律反映到图纸上。

前言

　　这是一本介绍婺源乡土建筑的书。

　　婺源，位于我国长江中下游的鄱阳湖流域，坐落在乐安河上游，因地处婺水之源而得名。这里是古徽州的地域，历史悠久，文化昌盛，经济繁荣。千百年来，勤劳智慧、勇敢善良的婺源人民依靠自己的双手，创造了璀璨的乡土文化。境内大小村镇星罗棋布，各式民居多姿多彩。它们点缀在起伏的田野之上，延展于茂密的山岭之间，依偎在清澈的溪流之旁，散发着独特的魅力，成为世人魂牵梦绕的理想家园。

　　本书立足城乡规划学、建筑学的视角，选取其中的九个村镇作为研究对象，通过图片及文字阐述了它们在选址、布局、建造、装饰等方面的特点，力图揭示古代先人的设计哲学，以求对当下产生有益的参照。

目录

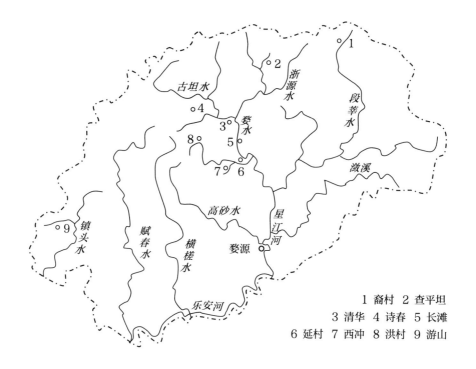

1 畲村 2 查平坦
3 清华 4 诗春 5 长滩
6 延村 7 西冲 8 洪村 9 游山

婺源位于中国江西省东北部，东和浙江开化毗邻，南与德兴相交，西以浮梁、乐平为界，北与安徽休宁接壤。全县地域近似椭圆形，东西长约83公里，南北宽约54公里，总面积约3000平方公里。

境内属于山地丘陵地貌，总体地势东北高、西南低。连绵的大鄣山、五龙山横亘在北部，形成婺源和休宁的分水岭，其中大鄣山主峰擂鼓尖海拔1630米，是婺源最高峰。全境地处亚热带季风湿润气候，气候温和，四季分明，且有自己的小环境特色。北方来的强冷空气遇到大山的阻挡，到此已经减弱；而南方来的暖湿气流，因山体抬升，形成频繁的降雨。婺源年平均气温16.8摄氏度，年降雨量1962毫米。由于冬雨较多，一年四季都

概述

上图 研究对象分布

有烟雨迷蒙的奇景。境内主要河流为乐安河水系（上图）。干、支流均由东北流向西南，它们汇聚成一脉，如同掌心向上的佛手。东北部的干流发脉于段莘五龙山，与流经清华的婺水合流后称星江河，过婺源、玉坦后向西南而去，始称乐安河，并形成与德兴的边界。星江河是婺源水系的主体，占婺源面积过半。另有三条支流在星江河西侧并行，从东到西分别是横槎水、赋春水、镇头水。东部两条在境内注入乐安河。赋春水与乐安河的交界即为许村镇的小港，这里海拔33米，是婺源最低处。两河合流由此西出婺源，然后在乐平市纳入婺源镇头水，于鄱阳县合浮梁县昌江水，最终汇入鄱阳湖。

婺源西周前属扬州，春秋战国时先后属吴、越、楚，秦属歙县，归鄣郡，东汉时属海阳，西晋改海阳为海宁，婺源属之。隋开皇年间，海宁改为休宁县，婺源仍属之。唐开元二十八年（740年），析休宁回玉乡与乐平怀金乡，建婺源县，治所清华，隶歙州。天复元年（901年），治所迁至弦高，即当今紫阳镇。北宋宣和三年（1121年），歙州改为徽州，婺源属徽州，元、明、清沿袭未变。民国二十三年（1934年），婺源划归江西，三十六年（1947年）回安徽，1949年再次入赣，直至如今[1]。在婺源建县1200多年的历史中，超过900年属于徽州。婺源和下游的德兴市、乐平市等同属乐安河流域，但它地处山地丘陵的树木葱茏之地，而后者却是鄱阳湖附近的鱼米之乡，两者间差异巨大，故婺源与地理条件类似的徽州更为接近。虽然婺、徽之间有山体之阻隔、水系之分派，但那些盘旋的山间古道，早已把它们紧密相连。

　　婺源早期居住者是山越人，在东晋、唐末、南宋时陆续接受了不少北方士族，遂成为文化交融之所。中原的合院形制与南方的木构体系在此结合，逐步形成了内部木构、外包墙体的天井式民居。其中木构适应了当地森林茂盛的外部条件，而天井则满足了人们安全、礼制、热工的内在要求。为了节省用地，房屋靠得近、占地小、层数多。出于防火、防盗的目的，外墙逐步发展为封火墙。各姓依山傍水，聚族而居，占据着利于农耕的盆地，并在山水收束处建造廊桥、庙宇等作为标志。明清时期，婺源的商人同其他徽商一样，经营茶、木、盐、典等生意。他们发家后输金故里，大兴土木，留下了一座座美轮美奂的家园。这些居所经过岁月的磨洗，依旧散发着智慧灵光。

本书选取婺源的九个村镇作为研究对象。它们大多位于婺源北部的山地丘陵地带，保存着较好的原生状态。这些地方有的接近婺源的地理中心，有的则靠近外围边界，或属于星江河流域，或位于其他支流。每个聚落中，靠山的选取、案山的放对、水口的营造及水系的规划、塘陂的安排无不穷精竭虑，各得其所，而民居、祠堂、廊桥、庙宇等更是争奇斗艳，层出不穷。如裔村，坐落在开敞的河谷，却有着重重关锁；查平坦，雄踞于高峻的山腰，果然是文笔昂扬；诗春，深居在峡谷一侧，进入序列长且秀；清华，环绕在绿水之中，三座廊桥竞增辉；长滩是大河边的山村，层层叠落；延村有缓坡上的大宅，编排如筏。还有那数不尽的西冲分段拦水、洪村不逾南溪、游山街市夹河。

初遇这些前人遗构，你会情不自禁，喜出望外，细看之间，却又是合情合理，事出必然。它击中了你的心中所有，却道出了你的笔下所无。

裔村

摘要

村落位于段莘水上游，坐落在扇形盆地的柄位，处在南北开口的谷地。为了防止洪水泛滥，房屋选址于段莘水西侧的坡地，坐西北，朝东南，散落分布。因下游地势没有收束，故村落造石桥沟通两岸，并从西山延伸一条土垄，做成风水林，与石桥形成下水口。在此上游，人们还利用建筑排成一线，作为进村的另一道封护。民居内天井式居多，屋檐出挑较大，适应了温差大、降雨多的高山环境。

关键词

裔村；土垄；风水林；石桥；内天井

1 羊墩头
2 裔村
3 西安村

总体地势

右图　村落分布

　　裔村，古称叶村，由唐代大将叶叔和开基，至今已有1000多年。村落坐落在乐安河上游段莘水的源头，处于婺源和休宁县交界处。这里的大山围成一个直径5公里的半包围形盆地，只在西南方向留出一个很小的开口。盆地东北方向是海拔1500多米的最高峰，西南方向降低为600多米，其水口两边的海拔仍有400米。特殊的地势导致此地降雨丰沛，年降雨量达到2300毫米，为婺源之最。盆地的水系如同三叉戟形。发源于东北部的三条溪流呈扇形汇合于羊墩头，然后向西南笔直而下，在出水口的西安村先向西一拐，然后再往东流出盆地，最后于汪口村纳入江湾水，经婺源合清华水，终入鄱阳湖（右图）。盆地上游村落名羊墩头，形象地说明了这里的三条溪流如同羊头及其双角，而下游的西安村则寓意西边村子的安宁。

上下游

右图　村落布局

畲村在羊墩头与西安村之间，选址于盆地中部，静卧在西北大山东南坡的凹形山麓。此地海拔400米，前俯段莘水，后靠1000米高的主峰，遥对600米高的案山，地势非常好（右图）。由于盆地只有下游西安村的一个天然水口，各个村落并无明显村界，呈现出自然散落之形。

1　聚源桥
2　滚水坝
3　回澜桥
4　风水林
5　97号住宅
6　影壁宅
7　嘉伦里
8　拼字房
9　溪边宅
10　大溪

　　村子外围的房子采用主房加辅房的形式，由于用地宽敞，不设院子，主房和辅房并排而立。主房三开间，两层，双坡硬山顶。当地海拔高，气候寒冷，降雨很多，为了防潮、保温，主房采用带有屋面的内天井制。明间前后贯通，并在前部做出通高空间，模拟传统民居的天井。次间在一层设前廊，便于交通，二层则直接抵住前墙。为了给中间的厅采光，前檐墙开高位大窗（上图）。厢房则在前后檐墙或山墙开窗。从正立面看去，立面中间有一个方形的大窗，非常有特色。由于水从东来，因此大门放在东部次间，或者在前檐墙，或者在东山墙。因为大门在东，为了便于使用，辅房也放在东头（下图）。这种做法似乎没有实现辅房拢水流的目的。但是，这里的大门直接开在了正房而非前院中，故进门的风水也能被三合天井拢住。

建筑布局

上图 内天井住宅正面
下图 内天井住宅侧面

墙体变化

左上图　一字形封火墙
右上图　封火墙与人字墙
右下图　混合做法

　　如果建筑前后有若干个天井，且天井两侧有单坡厢房的存在，则多进院落主房之间的墙体必然采用一字形封火墙，作为厢房的依靠（左上图）。主房的山墙也采用一字形的封火墙，与之统一。这种墙体不仅防火，也能防盗，是耗费砖材的隆重做法。如果建筑是主房和辅房拼接而成，往往会出现封火墙和人字墙结合的情况（右上图）。其中主房采用传统的封火墙，而辅房只用小挑檐的单坡顶，这是简易之举。由于一字形封火墙和小挑檐的单坡顶逐渐被人们接受，它们的混合做法便开始流行，有的正房开始用小挑檐的双坡顶，只是在檐口做出硬山的短墙（右下图）。

97号住宅

左图　东立面
右图　主入口

　　97号住宅位于村落南部、大溪之西。房屋坐西朝东，由主房和辅房组成（左图）。辅房接在主房后部。主房两层、三开间，中间明间是厅，两侧是卧室。厅占据整个进深，前半部分是通高空间，这样就可以通过前檐墙上的高窗采光。卧室前部设内走廊，在上水走廊即北走廊设建筑大门（右图）。门不设在明间而设在北走廊，一是为了避免大厅被外人直视，二是为了争取上水位。由于两边的卧室需要通过厅间接采光，照度并不充分，于是在山墙开设大窗直接对外。辅房一层，是主房后檐墙接出来的单坡，可避风挡雨，其侧面开门，方便使用。

97号住宅内部

左上图 楼梯
左下图 入口内部
右图 贯通空间

　　明间太师壁之后有楼梯上到二层（左上图）。二层布局和一层类似。但是，两侧卧室不设前廊，而是直接抵住了前墙（右图），由此于前墙采光，可以满足内部需要。中间的大厅是贯通二层的，这里的大窗不仅可以为二楼明间的厅采光，也为一楼的大厅带来照度。由于采取了内天井式，不受外界风雨侵蚀，地面铺装可以更加舒适，仅在一层入口处设置夯土地面，其余都是木地板。木地板架得很高，侧面设风洞（左下图）。

影壁宅

左上图 晒坪
左中图 东面
左下图 影壁内的"福"字
右图 北面

影壁宅位于村落南部，地处97号住宅上游。房屋坐西朝东，由主房和辅房组成。辅房在主房北部的上水位，并稍微退后，留出前面一个晒坪（左上图）。主房两层，为内天井形式，正立面中间开大窗，前后檐基本对称（左中图）。辅房前檐高，后檐再接单坡。主房在北面山墙开大门到晒坪，可迎接来水，方便到辅房。为了稍微围合晒坪，并对大门有所遮挡，辅房北山墙向东砌筑院墙，并在其上升起短墙，作为大门的影壁（左下图）。整座建筑中，主房、辅房、单坡以及院墙都是独立的结构体，无须担心不均匀沉降，维修、拆除、重建都很容易。房屋所有墙体均为跌落式，就连院墙也因影壁而变得如此，因此形态非常协调（右图）。为了稍有区别，房屋的封火墙顶端均作起翘，主房最大、辅房次之，而单坡更小，院墙则不做。

影壁宅进入次序

上图 南小门
下图 院墙

建筑除了在主房的北侧开大门外，辅房分别对南侧和晒坪各开一个小门（上图），从外部进入建筑非常便捷，但要从大门进入是非常具有礼仪性的。从南面村口进来，先经过小门而不入，从主房的东面绕行，并在院墙的邀请下，上台阶到晒坪，然后受院墙的引导，才能看到辅房的小门，最后在辅房的阻拦下，向南转身，方可来到住宅的入口（下图）。整个流线形成了一个折返的大弯。

嘉伦里是进入水口后展现出来的一道景观（上图）。建筑呈长条形，从西边的高山一直延续到东边的小河，并与对岸的小山包遥相呼应（下左图）。房屋三开间，但前后共有四落五进。建筑犹如屏风一样横在前方，和后方的三四座房屋连成一个屏障，形成进入村子的第二道关锁。建筑全

嘉伦里

上图 鸟瞰
下左图 对景山
下右图 屋顶鸟瞰

部两层，朝向入村的方向都是屏风墙，辅房则在建筑的内侧，在第三落和第四落之间设置里坊的大门（下右图）。前三落的南墙是一条直线，但北山墙呈现折线形，使得建筑平面中部宽、两头窄小。第四落是规矩的矩形，但位置有所扭转，与前面三落并不平行对位，其尾部稍微向北扭转。

嘉伦里入口

左上图　大门
左中图　庭院
左下图　对景
右图　山面

　　嘉伦里的第四落之所以要向顺时针扭转，是为了给入口留出更宽的地方，以便安放三开间大门（左上图）。此门与第四落的山墙保持一致，却与前三落构成一定角度。大门三开间，左、右次间做成八字形影壁。中间门墙高耸，设门洞。门洞上有一块青石匾，写"嘉伦里"。进门后是一个窄巷，空间越走越窄，端头放大为一个庭院，各家对此开门（左中图）。外出的人们临近大门时，由门洞向外看，只见远方大山起伏，门洞框出一个附带两边高山的中峰，如展翅的大鹏（左下图），视野非常壮美；出门后沿墙下古道行走，山面的铜墙铁壁似乎要将人压垮（右图）。

　　溪边宅位于村落中部。建筑坐西朝东，北部紧邻小溪（上图）。房屋由主房、辅房和披檐组成，朝东一字排开。其中主房在南，辅房居中，披檐在北。这种做法，使得主房远离溪流得其安全，辅房靠近溪流得其方便。辅房和披檐比主房靠后，让出主房的东北角。这里留出一个半围合的晒坪。然后于主房北部山墙设大门，门朝晒坪，与辅房和披檐取得联系。主房的门朝向从西向东流的溪水，远离水流却有风水之利。主房两层，三开间。明间是通长的厅，在前半部设通高，并于前檐墙上开设大窗纳阳。次间是居室。一层居室从前檐墙后退，让出前方的内走道，在正对内走道的前檐墙上设大窗。内走道北部正好是大门所在；二层居室贴着前后檐墙，因此在这里的前后墙上开窗。主房立面的开窗是五朵梅花样式。大窗居中，四

溪边宅

个小窗分列上下左右，整个墙体的强度分布均匀。主房不做封火墙，但其山墙檐口微微起翘，可以防风，保护屋角之瓦。辅房东面开小门面对晒坪，双坡顶，后坡设烟囱，内部是厨房，房屋采用小封檐的挑檐式样，不做任何起翘。披檐进深比辅房要小，也在东面开门，屋顶采用单坡的形式，更为简易。辅房和披檐之所以安排在主房上水一侧，是因为大门必须居于主房上水，即在北部山墙，而辅房又必须和大门取得便捷的联系。权衡利弊后，主人将辅房与披檐摆放到这里。这样的话，体量大的主房在下游，而体量小的辅房与披檐在上游，整个建筑的形态是比较稳定的。另外，由于大门后并非是院落，而是主房，因此风水也是能够被拢住的。

单坡披檐

上图 结构

　　一户民居的前檐接着一座单坡披檐。此住宅位于丁字路口，底层朝东开大门。为了防范风雨，前面搭建披檐，又因为处于交通要道，来往人多，故将披檐做大，形成路亭。路亭压在门前的水圳上，可节约用地。它位于一个埠头的南侧，两者形成一个小型的活动场所。亭子有三榀屋架，正好对应建筑的两间。两边山墙的屋架采用三柱四瓜的形式，中间一榀屋架只留前面的廊柱和后面的脊柱（上图），柱间设一根大梁，架在山面

屋架中间的步柱的横梁上。山墙屋架的廊柱之间、廊柱和步柱之间置横木连接，兼作坐凳，围合了半包围空间。纵横的横木交于一柱，为了错开榫卯，故高低不同，形成了不同的坐面，可方便大人、小孩择高落座。步柱与脊柱之间不设横木，以利通行。脊柱与脊柱之间，一间让开大门，一间置横木加固。此亭建成后，为了方便节日时龙灯穿过，在木柱下面垫了高高的石柱础。

转角影壁

左上图 大门和影壁
左下图 新的视廊
右图 门匾

　　裔村位于南北向的山谷之中，北部两座大山对峙，逼出一个略低的
分水岭。村落坐落在西部大山的山腰。建筑坐西朝东，居高望低，大门
便开在院子的东北角，且朝东北的大山之巅打开。如果门前有了无法避
免的新建建筑，原有对景遭受破坏，则会在入口前砌筑影壁加以调整。
这户人家原有的朝向非常好，大门斜向，正好面对东北侧的一座山峰。
由于村子的扩展，视廊被新房遮住，于是户主在门前另砌一座影壁（左
上图）。这座影壁斜在路口，正对大门。虽然在大门内无法直视原有大
山，但空间一转，另一侧的山峰赫然在目（左下图）。这个影壁再造了新
的视廊。门匾"秀揖螺峰"依旧发挥着点题的作用（右图）。影壁背面做
了河埠头，可供洗涤，正面则挑出一道石板，摆放盆栽鲜花。

院门

左图 牌楼式大门
右图 影壁

在村子中间，各家挨得很近，做院墙保护隐私就显得重要了。由于内部庭院要晾晒，且主房有的还是采用的内天井，立面明间有大高窗，故院墙不能太高，以免妨碍大高窗的采光。但是，低矮的院墙无法安装贴脸式大门，因此要将门洞处的墙体拔起，这样就形成跌落式，牌楼式大门由此产生（左图）。大门一般朝着上水位，为了拢住进门的风水，在院子下水位要设辅房拦财。如果门前景观不好或要保护私密，则在前方竖立影壁（右图）。

　　村落民房多在墙角开门，或是为了朝向，或是为了门前空间稍大，或是为了利用院子的边角地（上图）。村中一宅位于东西向巷子的南侧，坐西朝东，居高临下。大门开在东北角，面朝东北。大门为门墙式，门墙高于两边院墙。由于开在角上，两边院墙的断面犹如八字形影壁，凸显了大门的气势。入口采用四面叠涩、前后挑梁的托举式屋檐，出挑深远（下图）。其下水另有一座房屋。此屋为了不挡前者的门向，屋角也向内部收进，在两者的门前造就了一个三角形空地。为了得到补偿，屋角墙上对此也设一门。此门只是墙上的拱形洞口，在影壁式大门附近保持了谦和的姿态。

两座斜门

上图 墙角的门洞
下图 从下水看两座斜门

巷子

左图 台阶
右图 院门

　　建筑的面阔方向沿等高线排列，前排建筑靠着后方台地，室内高度便低于后山道路。为了避免潮气渗入，在室内与后山道路间挖沟。此举可提高室内标高，承接上部滴水，并容许水圳通过。后门水圳上架设石板，并往下游继续向上搭建，直到路面（左图）。这种方式铺设台阶，用料小，排洪快，且可迎水浣洗，不占后山道路。如果建筑的临巷处垂直等高线排列，那么一般要在建筑前方设小院，开院门到小巷（右图）。由于院子较高，门前一般有台阶，并做内凹式大门使台阶不入巷子。院门为三开间，明间门洞上做叠涩、挑木椽，支撑出挑的屋顶，使水落在台阶外。主房山墙在二层开大窗，伸出长杆到巷子上空，可承托竹匾，接受可贵的日照。

裔村的降雨量比较大，入口雨篷出挑较多，仅靠砖叠涩就会耗费很多砖材，形态上也笨重不堪。因此，裔村采用砖叠涩与木挑梁相结合的做法。雨篷有两种形式：一种为附建式雨篷，即雨篷附建在门洞上方的墙上（左上图）；另一种是独立式雨篷，即雨篷建在独立的大门上（右图）。附建式雨篷做法简易，一般要先出挑砖叠涩，然后再挑梁盖瓦（左下图）。在雨篷和下面的门洞间，有一段白墙，这里或镶嵌门匾，或装饰彩绘。独立式雨篷要先在墙顶用砖出挑叠涩五层，然后放置水平挑梁，最后在上面铺瓦。挑梁非常细密，前后出挑距离很大，但两边相等，可保持平衡。独立式雨篷是附建式雨篷的变体。两者细密的梁，实际上是将椽子放平做成的。

雨篷

左上图 附建式雨篷
左下图 破损的雨篷
　右图 独立式雨篷

　　雨篷屋面和墙体的交接部位要做好防水，即先在墙上预埋出挑的砖块，然后将瓦顶的上端铺入它的下方，再在两者间插入一排盖瓦（左图）。一些辅房的门也要注意通风采光，有的直接做成格栅门（右图）。格栅门由一根根木条拼成，木条中部留有未削减的木板，这些木板的长度依次变化，拼接起来，形成了上下是格栅、中部是圆板的样式。圆板后部正好做门闩，可阻止外人开启。上格栅用于采光，下格栅利于通风，其间距可防禽畜等小动物进入。

拼字房

上图 建筑立面
下图 门匾

　　拼字房在裔村上游之首，坐西朝东，大门开在厢房，门向北侧，迎接来水（上图）。由于厢房面阔不大，因此门罩无法做宽，门匾的题字要简短。主人采用了拼字法，即将多个汉字拼在一起形成一字，使之包含很多寓意。此法常见，如武则天曾创造"曌"字，老百姓则常用双"喜"字、"招财进宝"字等。主人在此将"青气""万丈""山水土""多年"分别作为一字，读起来就是"多年的山水土有万丈青气"，寓意这里生机勃勃。其中"青气"指天，"万丈"就是长，"山水土"则为地，"多年"乃是久，合在一起倒着读，就是"天长地久"（下图）。

结构

村中沿河的一座房屋采用内部穿斗木结构、外部包砌空斗墙的形式。此屋原来是一个单坡，在主房拆除后，暴露出面阔方向的断面（上图）。建筑两间，两层带阁楼。内部木结构三榀屋架，二层楼板及阁楼处均用高截面的枋木连接。利用桁条下的小枋固定柱端，使之稳固地托举桁条。小枋为原木，弧面朝向上，在中间屋架相交，上下错位。构件连接处多出榫，并用楔子固定。外部墙体空斗式，两眠一斗，内外交错，留出两层砖间的空气层，可节省材料，保温隔热。墙体略带收分，下面厚，上面薄。它和

木结构间也留有缝隙，宽约半砖。这个空隙，既能容纳木结构出头的榫卯，也能允许木柱稍微弯曲。如果条件好，木结构间可做板壁，使之与砖墙间形成空气隔热层，美观洁净的同时，进一步提高热工性。为了墙体和内部木结构连接牢固，相互吸能减震，砖墙在正对柱子的地方，每隔几皮砌筑拔出砖块，抵住木柱，同时在墙内预埋木条，使之紧贴木柱。桁条的顶端也会紧贴或塞入墙体。在平时，刚性的墙体限定了木结构的歪闪。有外力作用时，即使整个建筑有所动摇，墙体由于被木结构拉住而不会突然倒下。

聚源桥

左图 桥东小山
右图 桥梁、巨石和滚水坝

　　裔村位于段莘水两侧，沟通东西的桥梁很多，其中两座清代石拱桥最为著名，分别是上游的聚源桥和下游的回澜桥。上游的桥名"聚源"，是要汇聚上面的诸多流水；下游的桥名"回澜"，是要为村落留下更多的财气。

　　聚源桥选在羊头墩下水处，它既是裔村的上水口，又是羊头墩的下水口。在这里，西部大山平行于河道，但东部的大山却向河流逼近。桥的位置正好选在东部大山向西的延伸处（左图）。此地河床中有一块巨石。工匠利用这块巨石作为桥址。他们凿开石块，疏通河道，并用开采下来的石头垒起桥梁及上游的滚水坝（右图）。滚水坝的断面是三角形，下半坡用大块石砌筑，落脚在石头之上，上半坡也用巨石砌筑，两者间是隆起的峰顶。此处用条石筑成一条分水岭。滚水坝抬高了水位，使得一部分水流从坝顶流到下游，另一部分水流从西岸的涵洞经水圳流到裔村。

聚源桥横跨在河上，为单孔石拱桥（上图），用条形毛石发券，呈半圆形。拱脚处的石头大，内部石头稍小。拱券在下游的正中镶嵌一块石匾，上刻"聚源桥"。上游石匾已经不存。桥肩上游用稍小的扁形石头做雁翅，与桥体分别砌筑。桥梁高出了两边陆地许多，为的是大水来时水流能溢出桥外，从而保护桥体的安全。两边引桥方向不同。东边靠近山体，

于是向上游做台阶，便于留出溢洪道；西边远离山体，溢流宽度大，于是直跑做台阶，以求揽财更好。

聚源桥桥形

上图　桥拱南立面

裔村在聚源桥的上游通过水圳引水。水圳分主圳和支圳两种。主圳在高位运行，它在村落外围缓慢降落，最终在回澜桥前将水体归入大溪（左上图）。支圳开在主圳上，负责引水而下，并将各户的有机养分送到田间（左下图）。支圳的水系上，遇到人家密集处，则开挖池塘，以便蓄水洗涤、消防、养鱼。水池有多种，有的长条形，周边用石块驳岸，中间跨有石板桥（右上图），水流从中贯穿，取水洗涤两相宜；有的则是半圆形，具有泮池遗风，流水从一个角进，由另一个角出，水体的动静稍有区分（右中图）。养鱼的池塘多为方形，进出水口的分布要利于水体的缓慢流动。这些池塘平时看上去水平如镜，但在上面撒上细草时，就能发现细草在随着水流旋转。另外，在大溪的两侧还有不少泉眼，百姓也会用石板将之围合成取水的地方（右下图）。

水系

左上图 主圳
左下图 支圳
右上图 条形水池
右中图 半圆形水池
右下图 泉眼

1 马鞍山
2 回澜桥
3 土垄

　　裔村下游并没有明显的山势收束处，于是沟通东西的石拱桥就要有封护的作用。为了稳固河流岸线，两岸种植大树。工匠考察当地的地势，看见东边有座马鞍山，于是就在正对其下游山峰的地方修建回澜桥，力图使得这座桥梁和马鞍山的余脉连在一起，起到围合之效。但是，只有桥梁的封堵还不严密，工匠便再从西山向东堆筑一条土垄直到河边。土垄高近2米，宽约8米，上面种植两排大树，形成茂密的风水林，它将和桥梁一起形成屏障。这道风水林是有讲究的，它并未和桥梁保持一条直线，而是稍微向村内平移，向东遥指马鞍山中部，如同一支巨笔将要搁在山坳间，具有倡文运的意向（左图）。但是，风水林和大桥之间错开了一段距离，这

回澜桥

左图　土垄
右图　植树碑

看上去有点遗憾，但却是神奇之处，因为这段空隙充当了上游洪水的溢流口。如果风水林和大桥直接连成一线，洪灾来时，极易林毁桥亡。空隙中并非一无所有，而是由岸堤充当。岸堤上的浓密大树，依旧有封护的作用，它的路面较矮，却允许水流漫过。1949年前，风水林中的树木就达到几人合抱的程度，林木和大桥交叠在一起，外人根本看不到那道缝隙，村子更是隐藏其后，一派"平林漠漠烟如织"的景象。1949年后，大树全被砍光，只留下河岸的一些灌木，村子这才暴露在眼前。后人为了恢复以前的风水林，在土垄上立了一块植树碑（右图）作为警示。

　　回澜桥不仅有交通功能，还有封堵的任务，因此高大为宜。这里的溪流并不宽阔，宽度约7米，桥梁便采用半圆的拱形，一跨过河，既不阻流水，又显形态高大（左图）。为了使得拱券能够安全地架起来，河岸两边砌筑石质大墩台。大墩台是一个正方形台子，长宽都是7米，高3米，非常厚重，可以很好地稳住拱券。拱券为半圆形，拱脚已经没在水中，这样河岸就会承担大部分侧推力，对大墩台是有利的。拱券的顶部砌筑桥面，桥面宽同拱券，但长度仅为拱跨一半，两头有台阶下到大墩台，桥面及台阶的形态与拱券吻合，加固的同时也减少了用料（右图）。为了避免行人靠边行走，台阶两侧再砌两个小墩台，并利用它们的重量压住拱券，如此就在中间留出了宽约3米的台阶，确保行人挑担、牵牛来往互不干扰。两边小墩台的宽近2米，可供人停留眺望，并方便将挑、扛、拎的物品担在上面，稍事休息。

回澜桥桥拱

左图 桥南面
右图 桥鸟瞰

回澜桥踏步

左图　东踏步
右图　桥鸟瞰

　　拱券及小墩台做好后，就要砌筑两边踏步上到大墩台。踏步的宽度并没有同墩台一样宽，只和拱券上的踏步同宽，这样可以节省材料。东部的踏步直线向前，指向东部马鞍山山麓的一座山峰（左图）。西部的踏步则从墩台转向北面而下，迎接那条土垄（右图）。在大小墩台及桥面之上安装石柱、石栏板。栏板采取实板而非栏杆，是因为它很高，洪水难以没顶，故不需过水，因此没有必要通透。这种栏板还可以增强遮挡和封护的作用。桥面和柱子、栏板之间均开设榫卯，以便连接牢固。由于东侧大山稍远，围合感弱，东侧的大墩台上便竖立一根石柱。柱子八边形，基座为莲花式样，上面有如来雕像，可以镇水。桥建于清乾隆年间，由裔村村民合力捐建。它是附近村民的休闲地点，黄昏风和之时，人们常来此消食。桥拱上游的拱心石上刻"萃秀"，意在收纳全村丽色；下游拱心石刻"回澜"，意在拢住上游风水。

　　裔村的周边分布着不少零星的民房，建筑一般为独栋式，坐高望低，紧邻门前的小河，遥对远方的大山。房屋多由主房和辅房组成，门前设一个晒坪。主房三间两层，内天井制，正面开大窗，后侧开小窗，采用跌落封火墙。辅房位于主房侧后方，或在后檐下，或在山墙边，采用小挑檐的屋面结构。在裔村下游的路上，有些位于山腰上的民居布局也比较松散。这里土地虽然宽敞，但地势不平，因此基底面积很大的建筑不多，一般人

家也是采用内天井的形式，辅房大多接在建筑后方。由于晾晒的场地就在每家周边，所以房子之间距离较远，形成相对疏朗的格局（上图）。

村外民居

上图　下游村落

查平坦

摘要

查平坦位于婺源北部的高山区。在漫长的羊肠山道上,文笔塔、焚烧炉、孤墓总祭碑各据要点,营造了高寒峭拔的进村流线。村落民居引水为塘,围塘而居,具有天井式、内天井式两种类型,其中后者占据多数,它们大多居于外围,常用夯土建造,适应了温差大、用地小的自然条件。

关键词

查平坦;夯土房;陡坡地;文笔塔

总体布局

上图　村落总平面

1　古道
2　文笔塔
3　孤墓总祭碑
4　庙宇
5　广场
6　水塘
7　机动车道
8　停车场

　　查平坦是婺源沱川乡东南部的一个小山村，位于一条西南到东北的大山上，雄踞在西北坡的山腰（上图），海拔约600米。村民查氏于明代迁来此地，经过长期的繁衍生息，将这里开垦为一个平坦的台地，并名之查平

坦。村落西北面对万丈深渊，其余三面被山包围合，形势险峻。其中南侧的山包向西延伸，并在端头稍微隆起。进出村落的古道便从凹陷处向西而去，蜿蜒到沱川乡、清华镇乃至婺源县城。

1 古道
2 文笔塔
3 孤墓总祭碑
4 庙宇
5 天井式
6 内天井砖房
7 内天井夯土房

村落形态

左图 西面鸟瞰

村子外围是层层的梯田,梯田外围是条条的茶树,茶树外围则是茂密的原始森林(左图)。查平坦在大自然的怀抱中安详地成长。

文笔塔

上图 塔前地势
下图 塔后景观

村落孤悬于万仞山中，长期的与世隔绝使得村民对大自然的风霜雨雪、人世间的历史过往充满敬畏。人们在村落的要津，建造一些标志性建筑，向神灵展示自己的虔诚之心。这些建筑凝聚着村民的集体意志，具有保护村落的使命。在正对西南部入口的峡谷，就有这么一座神奇的石塔（上图），名叫文笔塔。它位于山梁之首，独对一泓深谷、万顷松涛，如华表捍门。全塔石制，形如毛笔，既是遥看村落的标志，又是振兴文风、抵挡煞气的象征。此塔颇有来历。据当地人称，查平坦有次与外乡人打官司，因人才济济而获胜。外乡人嫉恨在心，不明白这个偏僻的小村为何有如此多的文化人，便偷偷前来察看风水。他们在西南山梁的端头隆起处，找到一块如同文笔的巨石，认为这是文风的根，于是悄悄破坏了它。2000年左右，查平坦人为了重振以前的风水，便在原址用散落的石材重建石塔。历难而生的文笔塔比以前更加高大雄伟。它的身影生动挺拔，不仅弥补了以前的缺憾，还产生妙笔生花的效果。人们从山麓向村中走的时候，向北面一看，只见高大的塔身和右边的山体相对而出，中间的一座奇峰借助它们的烘托，仿佛缓慢升起，吐露着无尽秀色（下图）。

进村序列

上图　焚烧炉
下左图　孤墓总祭碑
下中图　小庙
下右图　小庙的对景

　　离文笔塔不远的村口，还有一座焚烧字、纸的焚烧炉（上图）。古人认为，字为仓颉所创，不可亵渎，纸为百工所成，更为难得。因此，字、纸是神圣之物，不可任其废弃，应在崇敬之地焚化。焚烧炉，砖构，一开间，封火墙形制，平面不大，但体形高耸，利于烟气上升。直冲苍穹的烟雾火光，可作为晚归者遥看村落的标志。过焚烧炉，路边有一块祭祀无主孤墓的石碑，以使那些无人牵挂的孤魂得到安息，护佑野外的村民（下左图）。进村之前还要经过一座庙宇，建筑三间敞厅式，掩映在山体的丛林中，清冷孤寂（下中图）。它背靠大山，面对前方的陡崖开敞。由后壁向前看，只见远处白云低垂，山脊如翻腾的细浪（下右图）；若是夜晚降临，则银河在天，祖先的神灵闪烁在群星之中。这一段进村的序列，充分展现了查平坦地远路高的独特风貌。

　　村中建筑因形就势，坐高望低，并无固定朝向。因用地不平，多路多进的大规模宅院比较少见。房屋大致有三类。一类是标准的天井式民居，它由主房和辅房组成，采用外部空斗墙、内部穿斗木屋架的结构（左上图）。主房为三合天井或前后天井，高达二至三层（左下图），采用封火墙围合。辅房空间简单，形态多变，只有一至二层，常作单坡顶。这类民居多为清代所建，历史早、质量高，内部装饰也颇为精美（右图）。

天井式民居

左上图 对合三合天井
左下图 前后三合天井
右图 三合天井内部

第二类建筑是内天井式的住宅。此类房屋采用三间两厢的形式，占地小、表面积系数低、热工性能好。较考究的建筑青砖砌筑，内部穿斗木结构。明间是厅堂，占据整个进深，前部是一个贯通二层的空间。次间上下两层。底层前面留有内廊，上层直抵前檐墙。厅堂中设大门，门前置影壁。门洞上方有高侧窗，满足关门时厅堂的采光（左图）。为了顺应光线的方向，洞口的侧面、底面墙体是向内扩展的。光线顺势而入，经过大厅的贯通空间，洒在厅堂中。贯通空间的洞口收得很小，以便争取更多的面积。底层次间墙体也开窗，此窗高可及人，供前廊使用，并辅助大厅采光通风。当门关闭时，不同高度的窗户面对不同进深的后部空间。如果将次间窗子拉上窗帘，只有一块天光从上而下，人们沐浴其中，有一种安全温馨之感。这些建筑的外部有时也会抹灰。由于窗洞变大，窗子上部绘画的面积也变大了，纹样以传统花卉为主，墨线做框，填以亮眼的赭石，成为冷僻村落中的温暖色调（右图）。

内天井青砖房

左图 厅堂的采光
右图 窗子上部的彩绘

内天井夯土房

左图　内天井夯土房
右图　不到顶夯土墙

　　第三类建筑是内天井夯土房，平面布局与第二类相似。这种建筑大多位于村子外围（左图）。此处地形陡峭，做成一块平地需要花费更多工料，因此建筑占地较小。由于清理场地获得土方，故房屋不用砖，只用土，热工性更好，且廉价易得，既满足高寒的气候，又适合小家庭使用，在后期广为流行。夯土墙采用2米长、0.4米高的小模板夯筑。由于二层经常堆放杂物，故夯土墙有时并不到顶，留下采光通风的缝隙（右图）。

夯土构造

上左图　夯土独栋房群落
上中图　木拉牵
上右图　插棍洞的痕迹
下左图　扣合的木筋
下右图　预埋的砖块

　　夯土房外部是夯土，内部依然是木结构（上左图）。两者通过木拉牵相连，变成一个整体（上中图）。木拉牵与砖墙上常用的铁拉牵类似，由拉杆、压板以及插销组成。拉杆和内部木结构相连，压板则用来拉住外部墙体。压板面积较大，以便减弱压强，保护夯土表面。拉杆则从压板中探出头来，顶部有一个竖孔用来插插销。插销插入的深浅，可以决定拉杆露出的长度，由此调整压板压在墙表的力量。为了防止不均匀沉降，土墙的内部预埋纵横的木筋。木筋由两根木棍交叠而成，交叠处各自挖出凹口，相对扣合（下左图）。夯土墙的角部也会嵌入砖块，每个夯层一块，上下各自沿着墙体放置，相互错位（下右图），可提高墙角的强度。门窗洞的上部则预埋木梁及挑檐。有时，墙表也会用白灰粉刷，并以泥块堵塞夯筑时留下的插棍的洞（上右图）。

福

左图 影壁
右图 "福"字

　　村落中建筑密集，门口对景未必最佳。另外，由于缺少院子，外人也会直视大门。因此，门口砌筑影壁是常见之法（左图）。影壁长久对着大门，要画上吉祥如意的图案才好。查平坦的大门影壁上一般写个"福"字（右图）。这不是一个简单的"福"，而是集象形、寓意于一体的吉祥符号。"福"字中"示"字旁的上面一点变为小鹿的头，右边的"一"字横则变为仙鹤的头。鹿寓意禄，鹤表示长寿。经过画师的巧手，一个福字就变成"福禄寿"了。要将鹿和鹤显示出来，光有轮廓上的相似还不够，人们将两者的眼睛也用白圈勾勒出来，并使其嘴部微张，似乎正在窃窃私语。黑色的"福"字和白色的影壁对比强烈，使得墙上的斑驳纹理如同云气。一瞥之下，小鹿和仙鹤似在云中共舞。

村落核心位置是一个广场，这里是三条凹地的最低点和交会处，一条水流从东向西流过广场。村民在东部高处开凿一个东池用于洗涤，在西侧低处挖掘一个西塘用于消防、灌溉。西塘的西侧再造堤坝。堤上建房，并在外围种植大树固基。西塘的南、北和东部则是广场，广场外围则是毗邻而立的建筑。村落活动中心高居在东部的台地上，具有主导地位。村民在广场南部种植了梨树，用来限定自己的地界。后来，人们又在西塘东部建造凉亭直接抵住梨树，将广场分成两部分。一个是东部的礼仪性广场，另一个是南面的生活性广场（上图）。生活性广场的北部设水埠下到西塘，可供亲水。南部的一排民居正对水塘和凉亭，风景甚佳。为了方便与礼仪广场和西部建筑联系，民居的总体布局呈现喇叭形。

中间是一座天井式民居。它的侧面朝向广场，既可利用广场组织交通，也能避免外人直视大堂。为了弥补这里东高西低的地形，在民居西北角建造了一座条屋，并倒角成五边形。天井式民居的东南部则是一座内天井住宅，它也将条屋放在建筑的西部，用来弥补这里地势较低的不足。为了便于来往，条屋呈三角形，其外侧的弧形与道路吻合，并与对面的五边形条屋对称，烘托了南面的天井式住宅；其内侧的直线墙则直指内天井的大门，使得入口极具隐蔽性，这在广场周边是非常合适的（中图）。条屋的弧形和直线的交角原本是尖锐的，但是这种锐角难以施工，也会置来人于险地，故将之切除，做成了一个小平面（下图）。条屋为二层，下部以石头勒脚防潮，底层开小竖窗保护私密，二层则开大窗朝向南侧山下，供极目远眺。这两座条屋都是辅助用房，但西侧下水位的规模更大，符合了锚固地势的要求。

1 东池
2 西塘
3 梨树
4 凉亭
5 活动中心
6 天井式房屋
7 五边形条屋
8 内天井住宅
9 三角形条屋

1 西塘
2 埠头
3 生活性广场
4 天井式房屋
5 五边形条屋
6 内天井住宅
7 三角形条屋

广场

上图 广场总平面
中图 生活性广场
下图 隐蔽的入口

水塘

左图 浣洗的村民
右图 水塘

　　除了中心广场的池塘外，村民还在门前屋后的低洼处凿池引流，作为取水、用水之地。为了充分使用甘泉，水体先经过取水池供村民直饮，然后跌进洗涤池供大家日常使用，最后才能放出村外浇地（左图）。由于场地高低不平，村中有多处这样的设施。房屋围绕水塘而立，形成室外的公共活动空间（右图）。深巷中的捣衣声与树头的鸟鸣相互唱和，构成一幅悠然村居图。出村的流水在梯田间迂回婉转，滋润着查平坦的大地。它们在一个个蓄水池中留下裹挟的养分，便头也不回地汇入大溪，直奔沱川而去。

清华

摘要

清华镇两水交汇，三桥相连。古桥结构类似，都是多跨石墩简支木廊桥。彩虹桥选址于古坦水上游转弯处，正对五峰山，其布局、形态以避水消灾为宜。聚星桥位于古坦水与浙源水汇合之前，已在原址新建。种德桥横跨浙源水，废弃已久。彩虹桥与聚星桥之间尚存一条老街，两侧店铺毗邻，小巷幽深，人家密集。

关键词

清华；廊桥；彩虹桥；聚星桥；种德桥

地势

左图　镇区鸟瞰
右图　唐代苦槠[1]

清华位于婺源中北部，坐落在古坦水和浙源水的交汇处，因"清溪萦绕，华照增辉"而得名（左图）。古坦水从西北而来，遇到五峰山的阻挡，向北绕行后东拐，纳浙源水南下，再奔东南而去，形成一个半径600米的大弯。此地"控婺北咽喉，扼皖、赣交通要冲"，"吴楚舟楫俱集于此"，是古代航运的起点，唐代就已经置镇，并一度担当婺源治所。正对两水交汇的西岸有当时治所的遗迹，其中一棵苦槠历经1300多年依然茂盛（右图）。

1 清华
2 五峰山
3 古坦水
4 浙源水
5 彩虹桥
6 聚星桥
7 种德桥
8 老街
9 苦槠

彩虹桥

左图 镇区卫星图

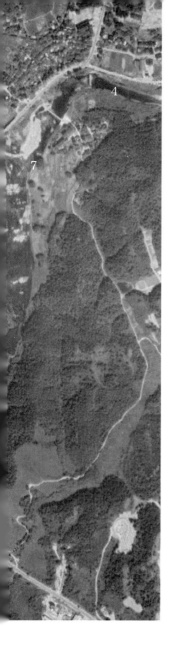

4

7

处于交通枢纽的清华，在河流上曾建有很多桥梁，如镇西的彩虹桥、镇东的聚星桥以及镇东北浙源水上的种德桥（左图）。它们如同古镇的臂膀，沟通了两河三地。其中保存最好且最有名的要数彩虹桥。桥建于宋代，横跨在古坦水之上，为婺源胜景。世人称之"两水夹明镜，双桥落彩虹"。此桥不仅历史悠久，形态壮丽，还蕴含着古人的巧妙构思。桥址颇为奇特，位于镇西之首。桥东是密密匝匝的民居，桥西却是农田和山林。从交通量看，这一座桥梁似乎没有必要建造，但从地理位置看却势在必行。它不仅是清华西北往来景德镇的大门，更是古坦水上游千万人家的关锁。在桥址上游5公里，古坦水分为两支，一支源于西部的诗春村，一支源于北部的大鄣山。这两支溪流缀连着众多村落。彩虹桥正处于它们的下游，关乎其财运。诗春的村民曾骄傲地说，彩虹桥就是他们的水口桥。

　　为了锁好风水，桥址选于镇西，正当古镇入口。这是上游地域最为广大而关锁最严密处，往下游就到了镇区地界。如果再移到浙源水下游，桥梁就是整个清华地区的风水桥了。为了不占别处风水，桥址便在古坦水入镇之始。目前的选址有如下特点。一、这是上游谷地的收口之处。此处的五峰山向北延伸，北部的丘陵向南紧逼，两边山体最为靠近。二、这也是水流平缓之地。古坦水从西而来，受到五峰山的阻挡，扭头向北，水势大为减弱。有了以上两点，工匠就可借助两边高地抬高桥梁，并利用桥体填补中间的凹陷，形成围合的"网兜"拢住上游财气（左图）。河流由东南向西北而流，桥梁横跨其上，却并非垂直于河道，而是接近东西正向。它主

彩虹桥选址

左图 鸟瞰
右上图 卫星图
右下图 五峰山

面朝南，微微偏东，与河道呈现斜交（右上图）。这种做法可以加大过水的长度，弥补桥墩占用的行洪宽度。更为巧妙的是，桥梁的迎水面正好对着南面的五峰山（右下图）。此举不仅利用山体遮挡了刚烈的气流，营造了行旅的天然图画，也为两者间形成毛笔和笔架的关系提供了前提，可使当地文风蔚起。彩虹桥上有副对联，勾勒出当地的地理和人文特色："胜地著华川，爱此间长桥卧波，五峰立极；治时兴古镇，尝当年文彭篆字，彦槐对诗"。"五峰立极"即指形如笔架的五峰山；"文彭篆字"是指当年篆刻家文彭在上游游玩时，见风景美妙而写下"小西湖"三个大字[2]。

　　由于上游水大，桥梁的结构选型是值得考量的。当地有拱桥和梁桥两
种形式。彩虹桥选定了梁桥（上图）。拱桥的取材和建造都相对困难，而
当地山区多林木，砍伐的大料可顺水而下，采用木梁桥形式更加便捷。因
溪流宽阔，木构桥梁难以一跨过水，必须在水中立石墩，于是彩虹桥采用
多跨石墩。木梁在日晒雨淋的条件下易腐朽，大水来时也会上浮漂移，要
在桥上建房保护和压实才好，故廊桥应运而生。建造桥跨时要注意两点：
一是墩子必须坚固，要耐得住激流冲击；二是跨度要适宜，须在木梁的承
受范围内。为此，一方面要加大墩子，使其坚固耐久；另一方面则要缩短
墩子的间距，使得木梁能够胜任。但是，加大墩子、加密墩子势必会减小
行洪宽度。巧的是，选址处上游的河道宽度是50多米，而落墩处的河道近
80米，加上墩子后，墩子间的行洪总宽度是没有变小的。建桥所用木材为
杉木，大型杉木的跨度能达12米。因此，墩子的间距以10~12米为宜；如
果以10米为限，至少要6跨；如果以12米为限，5跨就可过河。河道的中部

一般用于行洪，不宜设墩，因此，桥梁的墩数一般为偶数，桥跨则为奇数。当然，桥梁还可以采用7跨，这样墩子6个，桥跨9米以内，但这种形式未能发挥木材的效能，且墩子偏多，难以做大。综合下来，桥梁拟采用4墩5跨为好，平均每跨11米左右，行洪总宽度达50多米，与上游最窄处接近。在宽幅约80米的河面上，每个墩子可以分到6米左右的面宽。目前的桥就是4墩5跨，中跨约12.3米，次间各为10米，西尽间跨度为10米，东尽间为12.5米，其长度之和将近80米，刚好与水面等宽。如果加上两边的桥台和台阶，桥体总长约为100米。

彩虹桥桥形与墩宽

上图 从上游看桥

　　墩子的面宽被限定在6米左右，进深则由以下三方面确定（上图）：一要大于上面走廊的宽度；二要能抵抗后部涡流；三要能劈开上游的波浪。走廊的宽度就是铺在墩间木梁的宽度，受制于上面的木廊。为了通行方便，木廊的中部不能有柱子落地，故一般采用两柱三瓜四界的结构，走廊的净宽就是常用的内四界，每界的进深即为桁距，一般不超过1米，故走廊净宽在3～4米，且走廊下的木梁总宽不宜超过此数。为了求得稳固，木梁端头需嵌入墩顶侧面的凹槽中，故墩子的进深至少在4米以上。但是，宽6米、深4米的墩子是一个扁形，迎水面宽度大于过水长度，不利于避免水力、抵抗涡流。因此，墩子进深要大于面宽才好。另外，木结构的桥廊刚度不大，受到重力原因，跨中会微微下沉，屋面呈现凹曲的形态（下图）。相邻的屋顶难以顺滑连接，为此，在墩子上建设一个大的两坡顶建筑，以其两侧山

彩虹桥墩子长度

上图 桥墩侧面
下图 从下游看桥廊

墙来收纳桥廊起翘的屋顶。故墩子上的桥亭就产生了。桥亭采用双坡形式，前后檐对着河道，能遮风避雨，左右山墙则接纳两边的桥廊，可借之遮蔽。桥亭山面分成三部分：中间部分对应凹陷的槽口处，用来接受走廊，前部凸起的槽耳部分，用来做美人靠，这里1米空间就够了；后部凸起的槽耳，用来做休憩空间。为了支撑廊子，抵住上涨流水的冲击，并适合开展活动，后槽耳的进深约有3～4米。后槽耳之所以处在下游，是为了避免遮挡向上游看的视线。以上三部分的进深加起来就有7～8米。墩子的长度便与此类似，达到了7.6米。墩子在水中要能分开上游的水流及漂浮的杂物，提高自己的安全性，故将墩前砌筑成船形分水尖。分水尖越尖越好，但越尖就会越长，在拐弯的河道中容易折断。目前的分水尖尖角在60～70度，使得桥墩长出了约6米，总长达到了13.6米。

彩虹桥墩子高度

右图 从下游看墩子

墩子平面大小确定后，高度也是费思量的。为了过水，桥墩越高越好，但是高度太大，爬坡较多，且容易倒塌，廊子也会兜风遭雨。为此，桥墩以低矮为宜，但低矮又会遭受水漫。因此，桥墩最矮也要高于历年统计的洪峰水位（右图）。桥东居民历经几百年风雨，其基址高度是重要的参考标准。目前，墩顶高于日常水位5米以上，距离河床约6.5米，也已经高出两岸陆地1～2米，且在部分住宅基址以上。洪灾来时，水还未及涨到桥面，就已经溢出河道流向下游，由此保证了桥的安全。廊桥是收拢上游财气的地方，也会被蜂拥而来的财气所毁，真正高明的是在这两者间取得平衡。

彩虹桥桥台

上图 屋顶鸟瞰
左下图 西侧桥台
右下图 东侧桥台

彩虹桥的第一跨就比地面高出2米左右，因此，必须建造高桥台。桥台的形式与墩子接近。它一面临水，三面在河岸上。出于节省工料的目的，桥台宽度只有墩子的三分之一左右。西侧桥台的上游有一条溪流汇入，为了引水，桥台上游做成了圆形的墩台，以便和小溪的驳岸顺滑连接（上图、左下图）。墩台上部并无明显的分水岭，而是做成了圆形的收顶。桥台的西侧设置大楼梯

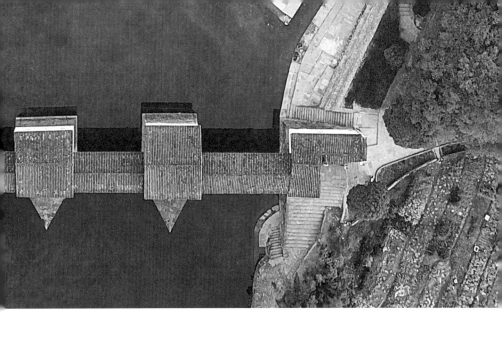

上到桥面。东侧桥台与之不同（上图、右下图），这里靠近住宅区，用水频繁，故在其上下游布置了河埠头。桥台的三面设大踏步。上游的踏步对水，仿佛是分水尖插入河里。下游的踏步垂直于河道而下，抵住岸墩的下游。正对桥台入口的踏步则向东延伸，迎接镇区的古街。上下游的埠头可以提供遮阳和日照两个位置，以便冬夏不同季节使用。

彩虹桥墩间跨度

上图　五孔跨度
下图　下游埠头

　　墩子的形态确定后，在河道中的安排也要考究。墩子间的距离是不同的（上图）。一般来说，在直行的河道中，中间水流较深，两侧较浅。为了便于行洪，中跨最大，两侧逐步缩小，这种做法可充分利用大小不同的木材，回避河道中间比较深的河床。彩虹桥基本如此。中跨较大，达到了12.3米，两侧次间则缩小为10米。但是，由于桥址的特点，边跨产生了变化。西部边跨因为要收纳上游的小溪，孔距扩大到与次间相等的10米。东部边跨因为是流水转弯的内侧，水的流速较慢，泥沙容易堆积，且要安排埠头和水圳，故将其跨度做得比中跨还大，达到了12.5米（下图）。

彩虹桥桥墩形态

右图 桥墩迎水面

　　桥墩用青灰色的条石砌筑（右图）。条石大小不一，并不规则。下部、角部的较大，中部、上部的略小。边角的条石并非水平，而是微微向内部倾斜。石头之间全部带浆错缝砌筑。没有直通的竖缝，也少有直通的横缝。墩子有明显收分，不仅自身稳固，在水位上升时，也会迅速增加行洪宽度。墩子前部的分水尖与墩子同时砌筑，连成一体。分水尖的尖部全用巨石磨制的尖角做成，不用两块石料对缝拼接。这些巨石左右搭接，被后部的石头牢牢固定。分水尖高度略微低于桥面1米。水流还未达此高度时，就已经溢流到河道的外侧，所以不再浪费工料砌高。分水尖尖端部还微微翘起，便于在激流中劈波斩浪。桥墩上还装有避灾驱邪的符镇。在东边第二个桥墩的分水尖上，曾经立着一根石经幢。此类经幢为婺源特有，上面常刻经文佛像用来镇水，裔村的回澜桥上曾有此例。目前在思口镇水口桥及本地种德桥上还有遗存。在东边第三个墩子内部则有一只铁牛[3]。古人认为牛为土性，以铜铁铸之密度更大，可克水。北京颐和园及扬州邵伯镇均有此物。这两件神物正好把持着廊桥的中跨。两边桥台的砌筑方法与墩子类似。

　　桥跨上的木结构有桥廊、桥亭两类。桥廊建造在木梁上，桥亭建造在桥墩和桥台上，故又有桥墩亭和桥台亭之分（上图）。桥墩亭大致相同，建筑三开间，四榀屋架，每榀屋架采用五柱。上游两柱间置美人靠，中间两柱间对着走廊，下游三柱间是休憩空间（下图）。两边桥台亭与此类似，但只有一开间。东部桥台亭还架设了另外的小屋。虽然这些亭子结构类似，但细看却有差异。从河道中心线来看，东边桥亭做得比较考究，而西边桥亭比较简易。这首先是由水文特点决定的。廊桥西侧是水流转弯的外侧，这里流速稍快，水位稍高，故将桥上建筑做得简易，以便洪峰时自弃而过水。另外，这也是和周边环境密切相关的。东边第二个桥墩亭正好面对五峰山主峰，这里的亭子实际上是小庙，用来供奉神灵镇水。建筑三开间，三面围合，对着上游开敞，限定了壮美的视廊，内部供奉着大禹、胡济祥、胡永班。大禹是治水能手，后二者是募捐、建桥之人，为早期定居清华镇的胡氏后裔。与东边第二个桥墩亭对应的西边桥墩亭却是体形最小的亭子，其后部都没有占满墩台。它对于中跨廊子的支撑力度也是最小的。这种设计使得中跨受到大水冲击时，廊子以及西边的桥墩亭会优先被毁，保证东边小庙的安全。中跨两墩外侧的桥墩亭也是类似的。它们占满

114

了整个墩台，建筑体形与小庙接近，但都是通透的，并无围护墙，可四面观景。由于过水要求不同，东边桥墩亭砌筑栏板，西侧桥墩亭却只有栏杆。桥台亭的差异就更大了，西侧只是简易的一开间小屋。东边不仅有类似的桥头亭，还附加了桥头屋。这种差别便于和两岸相融。东岸隔着不远的溢流通道就是密集的民房，因此，这半边的房屋建得气派便于使用。西岸的溢流通道外侧是田野和山岭，那里的建筑做得简易，利于和环境协调。六个亭子虽然有差异，但并不碍眼，因为它要比两岸景象的差异小得多。这种差异反映着功能和环境的关系，统一在相似的结构及共同牵引的桥廊中。

彩虹桥桥亭结构

上图　桥廊和桥亭
下图　桥墩亭内部

　　桥廊的具体结构是这样的（上图）。首先，墩子之间架设大梁作为桥跨。大梁因为有大小头，故要交叉摆放，并在小头的下部用石头垫起找平。其次，梁上铺设横向的木板作为桥面。桥面的两侧再安装纵向的地梁，每边地梁上立柱，形成木屋架。制作屋架时，先用叠合的竖高形大穿枋串起两根柱子的端部。由于枋的高度很大，因此具有较强的刚度，可以抵御屋架间的变形。在这根枋的上表安装扁平的小梁。小梁两头勾着立

彩虹桥桥廊结构

上图 桥廊内部

柱，中间正好落脚于大穿枋上。之所以大穿枋上面再用小梁，是因为要获得比较宽的支撑面来支撑上面的瓜柱。瓜柱包括脊柱和两个金瓜柱，后者间有小穿枋穿过脊柱，它们共同落榫于扁平小梁上，支撑着脊桁、金桁。立柱则承托檐桁。大穿枋穿过立柱，再承托挑檐桁。屋面共有7根桁条，桁条上铺横向木板作为望板，然后盖瓦。为了进一步稳固屋架，柱子的大穿枋下部插入一根横木，两边出榫，榫上承托斜撑，以支撑大穿枋。

彩虹桥结构连接

左图 桥亭结构
右图 桥廊和桥亭的连接

　　桥廊中跨五间，东边跨五间，其余均为四间。桥廊的各榀屋架之间的横向连接也很重要。在檐柱的上、中、下各有檐桁、枋木及地梁联系，另设两道栏杆加以固定，屋架的脊瓜柱间也设连系梁，其整体性是很强的。桥墩亭的面阔与墩子相同，三开间，四榀屋架。每榀屋架设置四至五柱（左图）。中间两柱正对廊子，全部留空。上游两柱间设置美人靠，下游两至三柱间置公共休憩空间。桥台亭的结构与之类似，只不过只有一开间。东桥头还另设了一座砖构小屋。桥廊的双坡顶插到桥亭的挑檐下，两者间有一定的空隙。维修的时候，人们可以由此缝隙上到屋顶。相邻桥廊柱与桥亭柱并立，共同插在地梁上，各自损坏后可以不影响对方（右图）。

　　在彩虹桥的下游做滚水坝，坝顶立汀步（上图）。滚水坝的作用是维持上游的水位，并给桥体提供比较平缓的水环境（下图）。滚水坝选在桥下游，在河流中间的滩地前，与桥梁呈现扇形分布，线形大致垂直于东西两岸。滚水坝西岸水位相对较高，水力较大，因此留出一个开口，置水车一座。东岸也留出一个开口，这里水压较小，可用于洗涤、过竹筏及引水。滚水坝微微呈现向下游的拱形。如果说廊桥是第一道挡住财气的梳子，那么坝顶的汀步就是第二道网兜。在滚水坝的下游，溪中原来有不少滩地，这些滩地顺水流呈长条形分布，上面长着许多大树，它们对阻挡水流、稳定水势也有帮助，是阻拦财气的第三道篦子。

彩虹桥下游汀步

上图 汀步及下游河滩
下图 汀步鸟瞰

　　廊桥建设不易，安全防范要时刻警惕。乡人在桥上建造安全防卫室（左图）。它和桥头堡不同，并非纯属军事目的。防卫室选在了桥东岸亭，这里靠近居民区，呼救方便，屋子共两间。其中一间为利用桥台亭的半边围合而成，另一间则是新砌。防卫室的主要功能是为桥上的行人提供物品、茶水，并且随时观看水情、防御火灾。房屋位于下水位，面朝来水。由于它与廊桥联系密切，故直接使用桥台亭的半边。同时，因为它要防止火灾侵扰，并避免水患，故有一半位于桥外。这种设置与现代建筑设计规范一致，堪称是现代消防、水灾控制室的雏形。出于防火的目的，外面一间的房屋采用封火墙的形式。为了迎接来客，建筑让开大路，朝东的山墙变短，房间的进深由此变浅（右上图）。由于进深实在太短，山墙做三屏风封火墙过于细碎，故将封火墙做成了简易的观音兜形式。外间前檐开竖向拼装门，上面安装挑檐防水，便于观察、售卖（右下图）；内间则对着廊桥内部开小门，利于出入。

彩虹桥安全防卫室

左图 迎水面
右上图 屋顶鸟瞰
右下图 山面

　　在廊桥的上游，西部另有一条小溪。这条小溪由西向东注入古坦水。汇入处紧接在廊桥的上游。为了交通方便，小溪上架设一座桥梁（上图）。桥位于廊桥以西，南北向，采用石拱结构，一跨过溪（中图）。这里采用石拱而非木梁，主要是因为此处是古坦水的溢流通道。发大水时候，水流会涨到桥面以上。如果采用木梁桥，桥梁很容易被冲毁；如果采用石梁桥，则用材较大。此处两岸逼近，河道较深，故用石拱桥较好。因为桥比较高，故砌石栏板。冬春季节，早晨的河面上常有薄雾，行人上桥犹如登云，故名登云桥。人们从彩虹桥下来，正好面对西侧的山麓，山势和廊桥相连的趋势很明显。人们往南侧一拐，就可以过登云桥（下图），往北侧而去，就到了彩云寺。

登云桥

上图 位置
中图 桥拱
下图 彩虹桥桥西

　　彩云寺是捐建桥梁者胡济祥的出家处。它位于廊桥的西北半里的一个山坳中。寺庙坐北朝南，与廊桥同向，朝向南面的五峰山。建筑为合院护拢形式，中间是一座四合院，两侧各有一条护拢。合院的主入口采用三间三楼牌楼，中楼牌匾为"彩云寺"。对联是"清华真佛地，婺源古洞天"（左图）。建筑白墙黑瓦，采用了民居的风格，比较简朴。内部供奉的人物木雕颇有特色，形态准确而不夸张，肌肉丰腴而有劲道，颇受当地傩戏面具的影响。其中一尊布袋和尚坐在宝座之上，他右臂放在叠起的右腿之上，手拿如意珠，左臂放在盘放的左腿上，手握布袋，背阔腰粗，袒胸露乳（中图）。布袋和尚开脸面目含笑，眼眶线与鼻梁相连，轮廓坚挺，与两边的圆脸蛋及肥胖躯体尤为不同，显得格外凸显。另一尊金刚则是紧闭嘴巴，眉头紧锁，脸部的肌肉因此纵横突出，充分展现出一种威武的神态（右图）。古寺具有祈福禳灾的作用，其名"彩云"，分别摘取彩虹桥、登云桥之名而成，具有两者保护神的寓意。

彩云寺

左图 彩云寺大门
中图 布袋和尚
右图 金刚

　　彩虹桥和聚星桥分别位于清华镇东西两头。两者间形成了老街。老街分上下街两段，彩虹桥位于上街之首，而聚星桥位于下街之尾，两者相距约1000米。聚星桥由五显庙僧人募捐所建。桥址选于古坦水和浙源水交汇的上游，往上游选址则靠近彩虹桥，往下游选址则水势变大，因此这里最为合适。从此桥向东，可通往徽州府的大路。桥也是石墩木梁廊桥，共四墩五孔，但中间一亭更高，显得高低错落，人们常在此看龙舟竞渡。清代进士江峰青曾在桥上撰联——"东井聚星多，爱此间山水清华，倚柱留题，跌宕文章湖海气；北仓遗址在，想当日金汤建设，凭栏吊古，模糊烟雨晋唐碑"。此桥于1972年被改造为多跨石拱桥。从目前新桥向上游看，一座浑圆的山峰位于河道中间，正好形成中部高亭的壮丽背景（上图、下图）。

聚星桥

上图 向上游看
下图 桥头

种德桥

上图 桥迎水面
下左图 中墩迎水面
下右图 石经幢

种德桥位于镇东的高奢村，故又名高奢桥。桥跨于浙源水之上，溪流从西北而来，在此兜了一个太极线一样的大湾，再向西南而去，交于古坦水。整个大湾长约2公里，种德桥正好处于它的中点，位于上下游两个转弯的中部。选址在这里，利用了河道中较为平缓的水势，也可以作为北部峡谷一带村落的水口，并方便东部较小地域中村落的通行。为了减弱水势，桥址的上下游建造滚水坝。桥梁西北—东南走向，采用了简支结构，与彩虹桥类似。人们站在上游看桥，只见桥后有三座屏风一样的山峰耸立（上图）。它们像三位神圣，震慑着奔流至此的洪水。桥址也是位于河道变宽处，其上游宽度45米，下游宽度则有62米，如此落墩后，就不会减小行洪宽度。为了在木梁跨度和行洪宽度之间取得平衡，桥置三墩四孔，与彩虹桥的四墩五孔的偶数墩不同。因为这里的溪水浅，故河中立墩并不困难。水中墩上的三座桥亭，正好以后面的三座大山作为衬景，十分壮丽。由于这段河道比较直，中墩面临的水流最急，因此在墩前的分水尖上立一根镇水的石经幢（下左图、下右图）。即使洪水淹没桥墩，冲毁桥屋，依旧可以看到石柱在波浪中挺立。

131

　　1982年，种德桥改造为钢筋混凝土桥面。目前，桥墩、石柱以及两边的踏步保持原样，木梁、桥廊、桥亭已不存（左图），两侧边跨均毁，左、右墩子也剥落大半，露出了其中的结构。桥墩是用规则的条石砌筑外表，内部填充较小的沙石（右图）。清华镇的三座桥中，一开始都应是简易的木桥，建设年代已不可知，后来木桥才逐渐演变为石桥。其中种德桥的历史可能最为悠久。桥建于唐代，由高川分庵和尚筹款备料，双河村江姓官员建造。这座桥跨度最小，因此最早建造是合理的。第二座建成的桥目前难以下定论，但很大可能是聚星桥。此桥和种德桥连成一线。它的两岸有很多居民，且地处连通东、西的要道，建造的迫切性要高于彩虹桥。彩虹桥建于宋代，可能历史最晚。因为它主要是作为一座风水桥而建的。三座石桥均由当地和尚化缘、当地人民建成。桥的选址除了考虑到交通流线

三桥并立

左图 倒塌的桥梁
右图 剥落的分水尖

外，大多位于河岸变宽、水流平缓及山势庇佑之处，并通过滚水坝营造安静的水面。由于山区水流涨落大，石木丰富，因此采用了高墩多跨的木结构廊桥桥形。石墩如同船型、坚固耐久，木构则分段相邻、不加装饰，这也是为了适应洪水灾害，便于断廊泄洪、重新建造。

彩虹桥在历史上多次遭受洪水破坏，破坏的位置基本集中在东部第二墩的左右两侧。2020年7月8日，山洪又一次爆发，第一、二、三跨的木廊被毁，第一墩墩亭无存，但第二墩及其上面的庙宇却安然无恙。三位先人仿佛复活了一般，他们驾驶着一叶小墩，奋力地与洪水搏斗。社会各界对此惊骇不已。面对被冲毁的廊亭，清华人却自信地说："所有故事和历史都刻在桥墩里。"

　　清华镇是双溪并流处，以桥梁为纽带的交通形成古镇的骨架，其中老街最为重要。它的一头连着彩虹桥，一头连着聚星桥，并在其两侧分散出支巷。巷子和老街的交口设券洞。建筑则细密地填补在街巷之间。房屋分成两类——老街建筑和巷中民居，前者又有住宅和店铺两类（左图）。因沿街面非常宝贵，所以它们开间都不大，小的只有一间，大的仅二三间，采

当地建筑

左图　沿街建筑
右图　巷中民居

用一进或多进的形式，都是两层。店铺则是前店后住、下店上住的布局。房屋的前檐逐渐出挑，遮蔽下面的活动板门。为了减轻重量，前檐采用木结构。出于防火的目的，两侧砌筑高高的、向前出挑的封火墙。位于支巷中的建筑多为三合天井的式样（右图），利用封火墙包裹内部的木结构，对外比较封闭。在它们之间，还有一些简易的夯土房。

沿街理发店

左图　理发店门面
右图　内部等候空间

　　老街上的店铺目前只剩几家，其中有一家理发店（左图）。建筑两层，底层对外，采用活动板门；二楼居住，开雕花百叶窗。一层空间较高，室内照度很好。为了防止落雨飘洒进来，并避免遮挡光线，前檐口的大枋木下安置一排玻璃窗，关门时还能为内部采光。门口就是一把理发椅子，既可以就着光线，也可以对外展示。为了方便人员等候，内部还有一张八仙桌及其周边的连体板凳，这是喝茶聊天的地方（右图）。由于板凳是口字形，所以只用四条腿就能承重，既节省了材料，又利于打扫碎头发。

沿街店铺

左图 一开间店铺
右图 斜撑

　　另一间沿街店铺只有一开间，建筑两层，两侧砌筑封火墙（左图）。房屋上层居住，底层营业，建筑的前檐逐渐出挑，为下面的活动木板门提供遮蔽。由于面阔不大，且光线很好，于是檐口的木结构上做了木雕等装饰，用来体现店铺的实力，招揽生意。雕刻装饰主要集中在结构构件上，如象鼻棋、大枋木等，与内部天井中的雕刻有所不同，其形象明确、尺度巨大，可以耐得住风雨侵蚀，也方便行人在行走中用余光欣赏。还有的民居在二层用斜撑出挑，形成更远的挑檐（右图）。

囍

吉星高照

喜慶祥和好運來

喜迎新春鴻福到

志城

沿街住宅

左图 牌楼式门脸
右图 立面的内凹

　　老街上的建筑并不都是开店的，也有住家。由于面临大街，人流量大，为了防止水侵，保护私密，建筑下部都有高高的台基（左图）。底层一般比较封闭，用砖墙砌筑，只开大门或小窗。窗户的位置都比较高，避免路人窥视。二层的立面则采用木结构，开雕花窗。老街街巷狭窄，寸土必争。即使如此，各户也极为克制，不占一分公共街道。建筑入口内凹，将踏步安排在凹口内。由于内凹之后，门前便有了过渡空间，欣赏视距也变大了。于是户主利用这里的前檐墙及侧墙做三开间牌楼式门脸，颇有气势；即使不做牌楼式门脸，也会在三面凹形的墙上飞出一些挑檐，以备将来发达时做出墨绘（右图）。

过街楼

左图 朝向廊桥立面
右上图 象鼻栱
右下图 坐凳

　　在去往彩虹桥的路上，另有一些建筑利用狭窄的巷子，在上面设置过街楼，既可眺望远处来客，又可得到额外空间（左图）。其檐下也用到了象鼻栱（右上图）。栱的前部承托坐斗，支撑上面的吊柱，后部出半榫插入立柱，出榫处用楔子锁住。过街楼的下面是坐凳。它们供人休憩，也起到了结构拉结的作用（右下图）。

支巷民居

左图　民居入口
右上图　巷子两侧的高墙
右中图　内部广场
右下图　井栏

　　支巷中的建筑多为住宅（左图），三合天井式，外部高墙，内部木结构，形成竖高的巷子（右上图）。房屋在井栏的地方稍微让出空间，形成公共场所（右中图）。为了便于多人同时打水，有的井栏采用双井并列的形式（右下图）。下面共用一个井坑，上面有两个井栏，可以缩小井口，保证安全。

夯土房

左图　夯土房角部
右图　夯块之间的砖石

　　夯土房主要用于储存（左图）。建筑体形四方，外部是夯土墙，内部是穿斗木结构。夯土墙的下部用卵石砌筑防潮，然后夯筑土墙。夯块40厘米高、2米长，共由4个夯层组成。由于位于镇区，砖石瓦砾多，因此每个夯土块之间垫砖石一层（右图）。转角的结构则要加强，故每隔一个夯层交叉放置砖块，门洞口则用砖块砌筑。夯土墙并不到顶，留下山面的山尖处采光通风，做法与查平坦基本一致。

诗春

摘要

漫长的进入序列是村落的最大特点。在这个序列中，设置小亭、祠堂、牌坊、庙宇、文昌阁、廊桥、水口林等加以点缀与封护。为了拢到上游风水，大祠堂扭头向西。村落民居密集，房屋占地小，楼层多，常为三四层。为了争取阳光、节省材料，多数顶楼的封火墙只在角部砌筑，形成冉冉升起的人字形。

关键词

诗春；水口；多层民居；人字形封火墙

1 十亩丘
2 白亭
3 忠烈祠
4 朱氏牌坊
5 水口林
6 钟秀桥
7 祠堂
8 天马河
9 诗春溪
10 诗春

　　诗春村位于婺源中部偏西处，坐落在古坦水上游（上图）。从清华镇向西逆古坦水7里可到浮溪村，然后溯北汉西行20里，一座山丘正当其中，此为十亩丘，水流在此分为南北两支。逆北支天马河再向西，开始进入诗春谷地。峡谷东西向，直线形，南北宽仅200米。西行3里，谷地突然变得宽敞。一条诗春溪从北向南注入天马河。两水交汇的西北面，是一片西北高、东南低的冲积平原，这就是诗春盆地。盆地为直角三角形，方圆约有1里：南边的天马河是底，东边的诗春溪是高，西北锯齿状的山脉则是斜

边。溯天马河继续西行，地势复为峡谷，连绵约有2里。此后，峡谷接近山坳的分水岭，逐渐消失在山脊之上。据宗谱记载，诗春先祖为施仲敏，北宋时由景德镇迁入。此地初名施村，元朝至顺年间改为诗春。

区位

上图 诗春峡谷卫星图

1　天马山
2　西山
3　允洽山
4　风水林
5　泉眼

2

5

3

4

1

　　施氏先人进入这条峡谷后，便将庄台落在诗春盆地上（上图）。这种决定是明智的。从大的地域来看，峡谷规模合适，形态围合，便于一姓独占。自十亩丘到分水岭，长度有5里路，半小时就可以走完，人们往来耕作，非常便利。这里高山对峙，两端各有收头，空间也自成一体。从小的庄台环境来说，盆地位置居中，四面围合，背山面水，地势宽敞，也是一个风水宝地。南部的天马山紧接着溪流的南岸，它的峰峦正对村子，成为村落的案山。西北部的西山从西南延伸到东北，并向南侧分出条条支脉，限定了村子的西部边界。山体东侧的支脉最为高大，它向南延伸，形成村子东部的护山允洽山。盆地中水源丰富。允洽山和主脉之间有一条诗春溪。溪流沿着允洽山而下，汇入南面的天马河。在盆地西北的山脉之间，

村落环境

上图 村落环境卫星图

还有不少泉眼，它们汩汩而流，在盆地中奔向东南，汇入诗春溪。在这里安家之后，先民便对峡谷中的河滩地进行了改造。他们围堰筑坝，开沟引水，或灌溉，或泄洪，使得原来"望天收"的土地变得"水旱从人"。十亩丘到盆地的峡谷是长条形，进村的小路在溪北伴行。在诗春，西部的上游就是分水岭，那里路高林密，人迹罕至，是村落的后花园，也是村落的未来用地，村落对它完全开敞，不设藩篱。东部的下游则是人们出山、进村的路线。从诗春向东过了十亩丘，就出了它的地界，由这里一直到清华镇，村落密布，人烟稠密。如何在众多村落中表明诗春的地界、体现诗春的历史，是当地村民的关心之处。

水口建设

上图　古图[1]

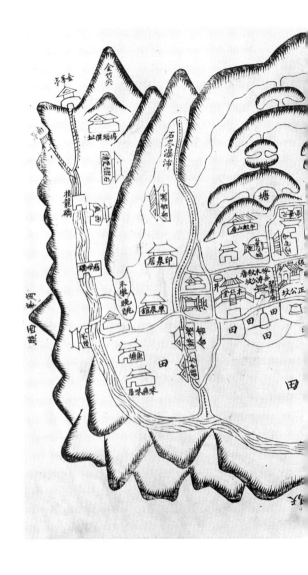

　　诗春人对下水口的营造非常重视。下水口放得越远，表示村庄的势力越大、财气越丰。据本地人说，诗春下水口曾经设在清华镇的彩虹桥上游。虽然从施氏宗谱的"里诗春阳基图"来看并没有出现彩虹桥（上图），但诗春村域范围的确很广，空间营造从盆地一直到了十亩丘一带，约有3里路远。对于这段路程的规划，村民费尽了心思。他们在北山支脉靠近

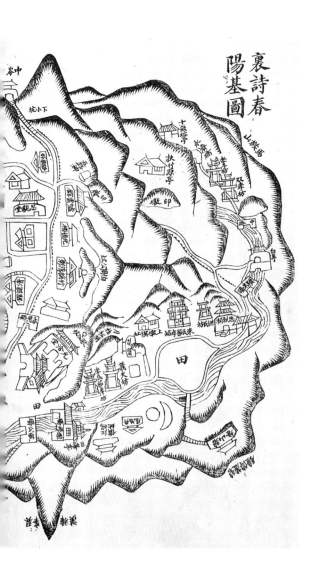

南山的地方，营造了两个狭窄的关口。第一个关口在十亩丘上游500米，村民在此建设忠烈祠一座，祭奠关羽。第二个关口在其上游800米，村民利用北山的林木，构建风水林，连接钟秀桥。两个关口一个以建筑为主，一个以林木为主，将这段峡谷分成了三段。在这三段之间再填充以其他建筑，形成大小搭配、内容丰富、空间递进的场景。

白亭

左图 西立面
右图 内部结构

第一段从十亩丘到忠烈祠，给人的感觉是"空旷的田野"。根据宗谱记载，十亩丘曾建有亭子一座，亭子正好位于三水交接之处，表示着村庄的分界。人们迎来送往的最远处，就在这个亭子，用它作为整个序列的开端，是非常高明的：第一，亭子四面空透，符合三水汇流的环境；第二，这里各村交会，地域复杂，亭子比较矮小，体现出"入界宜缓"的谦和。从亭子逆着水流向西不远，有一座永济桥，过永济桥，沿路设孝子坊、双孝坊、中桥。桥西不远处、大约在谷地的中部，另设一座廊桥，名白亭

（左图）。桥跨为单孔石构，桥屋两开间、双坡顶，山墙上设洞口供人通行。它名为亭，实际上是屋。之所以叫作白亭，一是因为它通体雪白，二是因为它是祭奠之所。按照诗春风俗，在外去世的人是要魂归故里的，但棺椁不能进村，只能"停"在白亭中祭拜。此亭虽然不大，但周边并没有其他房屋，加之位置居中，显得孤独、肃穆。亭子并非位于跨中，而是稍微偏向南侧，采用砖墙承担二穿三瓜五桁的屋面结构（右图）。墙上不设一窗，只留前后两个门洞。

过白亭后，峡谷中又出现一座小桥。在桥西，峡谷北部有一道山梁向南突出，山谷稍微有些收口（左图）。向东北而去的水流转向东南，再复向东北，连续转了2个90度的大弯。忠烈祠位居在由北山向南衍生的山梁之上，坐西北、朝东南，正对流水的中段。房屋两落一进。建筑下部砌筑厚厚的石块，巩固着这个小山包，使得它在洪水泛滥时，能够稳固不坏，并稍微约束水势。建筑与水线垂直，却与南面的大山平行错位。这种布局使得从两边的山谷来看，忠烈祠和南面山体是闭合的。但实际上中间留有通道，以便小溪泛滥时大水通过。目前，房屋大部已废，只留门口长长的

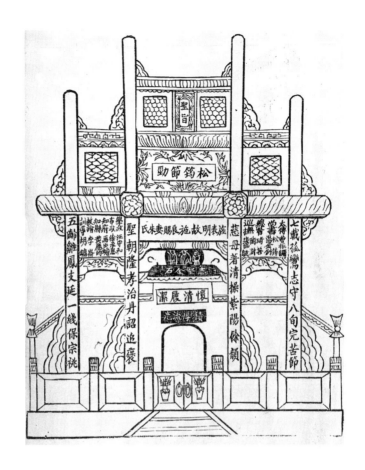

圣旨

松節篤勁

故明旌表孝子施良妻朱氏

學府賜知縣幼教育弟侄有功

聖朝隆孝治丹詔逮褒

懷清履潔

流芳百世貞節

慈母著清操紫陽餘韻

撫馨當薯松奇磅礴綿薈巍嵯

七載孤鸞志守八旬完苦節

五齡雛鳳支延一綫保宗祧

石阶。过祠堂，来人由此进入序列的第二段。这段开始，给人的感觉转为"厚重的历史"。路上有洪氏牌楼与朱氏牌坊（右图），它们继续显示着村庄的荣耀。过了牌坊，前方一片葱葱郁郁处就是水口林。

忠烈祠

左图 忠烈祠的地形
右图 宗谱中的朱氏牌坊[2]

水口林

上图 水口林
下图 村外看水口林

1 允治山
2 水口林
3 钟秀桥

水口林坐落于允洽山的南端。允洽山在南面分成了东西两支，水口林借用东支连绵而成（上图）。它是允洽山东部向南衍生到小溪边的一条土垄（下图）。这种做法能够将两条支脉间的山谷包含在内，免得外人由此进村。土垄是先人在开基时营造的，上面种满了红豆杉、枫树、紫薇等植被，用来作为进村的关卡。林内藏牌坊两座：一座是义夫坊，一座是李氏节孝坊。林子的北部依据山势设社坛。南侧溪流之上架一座廊桥。桥名钟秀，是为南山和水口林之间的封堵。目前，社坛、牌坊已毁。村人在林中增补小亭一座。

　　桥的选址颇为讲究。它在天马山北麓，位于一条支谷的下游，也是南山向北突出的地方。但是，这个地方并没有与水口、山垄对齐，而是居于西侧（左上图），两者间有个南北向的缝隙（左下图）。这虽是地形使然，但诗春百姓并没有刻意改造它，而是趁势网开一面，以之作为行洪通道。这并非漏财之举。因为廊桥建好后，从峡谷两侧来看，和水口林相重合，中间的缝隙并不大，关锁依然很严。这里采用何种形式的廊桥颇费脑筋，目前采用的是石拱桥。这种结构在小跨度溪流上是合适的，比木梁桥和石梁桥要好，因为前者容易在洪水中漂浮，而后者需要大料。桥拱上需要建造房屋进行压重，并依靠其体量起到封护的效果。屋子的形式也要思量。在婺源地区，廊桥不仅要覆盖在河道上，也要压住两侧的小路，以便一起收纳财气。但是，这里只有北面有路，南侧是悬崖，并无道路。因此，工

钟秀桥选址

左上图 水口林与廊桥
左下图 水口林和廊桥的空隙
右图 从下游看廊桥

匠将桥屋分成两节，一节是压在石拱上面的亭子，另一节是压在道上的廊子。桥上的亭子必须做高：首先，只有做高才会取得一定的重量，压住下面的石拱；其次，只有做高，亭子位居悬崖边才不会被山体压住，给人以安全感；最后，只有做高，才能将前方的直线形田野的景观收入眼中，起到瞭望的作用。路上的廊子进出频繁，做成了横向的三开间。这也是精心考虑的。因为如此之规模，不仅可以供人在里面休憩，其延伸的长度，从东西向来看，也正好和水口山叠合。廊桥的阶梯形轮廓，满足了从高山到桥体再到水口的顺滑过渡，避免了突兀之形。高耸的亭子便于登临望远，故名四峰亭。清代嘉庆年间，为了倡文运，亭子改名为文昌阁。桥下游建滚水坝，为廊桥营造了平静的高水位（右图）。

钟秀桥

上图 从东侧看廊桥
下图 廊桥的歇山顶内部

桥屋的总体结构并非是开敞的木结构，而是木结构外包砖的形式（上图）。从亭子来看，它需要压实廊桥，故用砖包可以增加重量。而且，有了砖墙的围合，建筑刚度加大，为上面两层开敞的木构提供了稳定性。从观景来看，下面封闭，上面开敞，产生了视线突然打开的戏剧性效果。廊子的主要任务是封堵缺口，并烘托上面开敞的桥亭，采用比较封闭的砖包围结构也是适宜的。桥亭的底层平面是矩形，采用攒尖顶则与平面不符，而悬山、硬山的山面受到的风雨大，不利于四面观看，故屋顶采用歇山顶（下图）。桥廊的一侧连在亭子上，另一侧伸展到田野中。屋面是双坡顶，山面用封火墙。因进深不大，封火墙呈一字形。此墙遮蔽了两坡顶的尖顶，不与桥亭屋顶雷同。从北面看来，可使后者突出、完整；而从东西两面来看，封火墙的墙头因为透视变形，而和上面的歇山挑檐一样向前突出，两者的形态也有了协调。

　　桥屋的总体结构是以桥亭为主体，南侧山体和北侧廊子共同对之扶掖。亭子采用抬梁木结构，底层三间四榀屋架（上图），每榀屋架四柱，中跨大，前后边跨小。柱子外围设围墙，东西两面设置高漏窗。外间对着桥廊设门洞，洞口放两阶踏步。里间的西侧开小门对外。山墙靠着悬崖的山体，为了防潮，故在下半部分用石材砌筑。楼梯也在里间设置，因为在二、三楼，这里靠近悬崖，视线拥堵，故用做交通空间。楼梯迎水，一跑上楼。二层延续了底层的木结构，但不设砖墙，四面开设隔扇窗；三层取消了边跨的柱子，平面向内收进，四面也是隔扇（下图）。

钟秀桥桥亭结构

上图 桥亭一层内部
下图 桥亭外观

　　廊子位于亭北，三间四榀。其中南次间架在路上，前后置门洞，是整个廊桥的出入口，跨度最大（左图）。明间和北次间是休憩空间，跨度较小且相等。建筑体量不大，采用每榀只有两柱的抬梁结构，比亭子少了两柱。之所以如此，是因为外围已砌砖墙，满足了一定的刚度需要。这里人来人往，木结构断面比较粗大且有雕刻。北部空间中沿墙内做了一圈坐凳，供人休憩（右上图）。这个廊子实际上是亭子的前厅。为了限定人的视线，廊子的三面不设大窗，只有高高的小窗提供照度（右下图）。人们出了亭门后，只有通过券洞，才能看到外面的景色。底层的封闭与上层的开敞得到了进一步对比。

钟秀桥桥廊结构

左图 券洞
右上图 坐凳
右下图 小窗

　　在廊桥上游50米，溪南有一个山坳。人们由此上山，翻越分水岭可到南源村。为了勾连两岸，在此建桥。桥由敏公建于清代（上图），故名敏公桥。敏公桥与钟秀桥靠得这么近，并不重复，因为两者功能不同。前者主要是为了锁住风水，因此必须在山梁的端头，而后者要连接交通，必须在山坳的中部。桥依旧采用石拱，上面是五跨木结构。中间三间位于桥跨上，北面一跨横于道路，南面一跨连接上山的台阶。桥跨上的三间在柱间做美人靠。此桥四面不做围护墙，与钟秀桥相异。桥的石拱为旧物，木构为近

年翻建。它虽然服务于交通，但依旧能吃财气。当地人说，这座桥好比是一个马鞍，配给了这座山坳。桥边的小路好比是缰绳，牵住了这匹天马。

敏公桥

上图 敏公桥

南亭

上图　北面
下左图　结构
下中图　拉杆
下右图　台阶

　　山坳的顶点建"南亭"一座，既可供路人休憩，又可表明从南源到诗春的分界。由于地处分水岭，水往两边流，建筑内部无水患。同时，风从两边而来，此地甚为凉爽。为了适应地形、便于通过，亭子与廊桥类似，采用了两头山墙开门的通过式布局（上图），房屋为墙体承托穿斗木屋架的形式，不设立柱，屋架两间三桁（下左图）。山顶运输建筑材料困难，故南亭利用当地乱石砌筑墙体，两侧檐墙直接砌筑到檐口。山墙则砌至屋架下方。山墙中间留出洞口，洞口两侧向墙体凸出，使得边缘的石头难以脱落。这种做法其实是边缘处的墙体收分，所有墙体均为下面厚，上面薄。木屋架二穿三柱五桁，每榀屋架之间除了桁条相互连接，在脊桁下的还设拉杆（下中图），用料均细小。为了防止大风从屋内吹翻屋面，椽上铺设横向木望板，然后在上面布瓦。由于采用了望板，所以椽条较一般屋顶稀疏。瓦比较密实，也是为了防止屋面的强风。因为要抵抗屋顶的重量，中间屋架的底部增设了圆形的大梁。亭内中间是走道，两侧用原木架设在石块上形成坐凳，简易、粗犷。亭子建造于道光十四年。从敏公桥到南亭，共有365个石阶（下右图）。

1 允洽堂
2 戏台
3 天马山

从敏公桥沿水向西，人们就可以遇到村口的祠堂。祠堂建于明代，名允洽堂，地处允洽山西边支脉的南端（左图）。这里地形开阔，容得下它的雄伟。允洽堂也可以看作是山体向南的延伸，而和南山呼应，是村落的最后一道关卡。祠堂坐东北，朝西南，面对前方的案山。随着道路西行，水田中的祠堂不停地变换角度，但人们无路可达。当走到建筑正面时，一条流水恰好沿着祠堂的中轴线注入天马河。这条流水就是诗春溪。它自然形成古代的进村路线。沿着诗春溪上行，就可以到祠堂。建筑以东山为背景，开门正对前方天马山。由于天马山非常逼近，因此它的坐向并没有正对其主峰，而是稍微偏向西侧。这一方面是要顺应北山的地形，另一方面

允洽堂

左图 祠堂周边
右图 戏台及天马山

也体现了先人不敢将风水做足的谨慎。但即使如此，从祠堂入口看去，前方山体依旧气势逼人。诗春的先辈曾从军入伍，故村落在历史上出了不少强人，后人便误以为是天马山高峻所致。为了减缓天马山对祠堂的压迫，村民在门前修建戏台一座，借助它来挡住山势的威猛（右图）。此戏台与祠堂完全对位。但是，如果戏台稍微向东南侧偏移并向西打开，并不追求与祠堂立面平行，其轮廓将会完美嵌入后面的天马山中，与祠堂形成的门前空地将会成斗形，东部将会收窄，西部则会扩大，正好面对西部上游的财源之地。此类案例很多，如安徽泾县云岭镇关帝庙、江西浮梁县瑶里镇程氏宗祠。

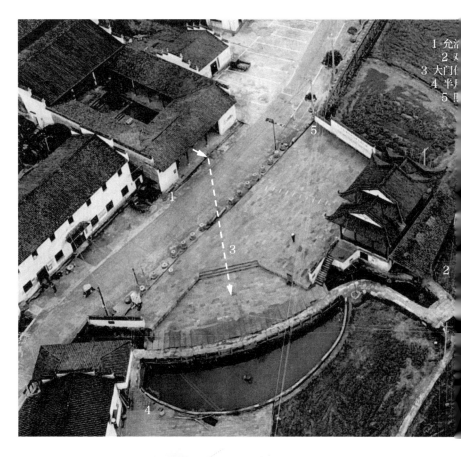

1 允浩
2 又
3 大门
4 半月
5 月

176

允洽堂门向

上图 大门的遗迹
下图 远处的尖顶山

门口建好戏台之后，戏台与祠堂之间形成了一个围合前庭，这里如何放门是一个问题。据说，当时村人看不懂这里的风水，便请来县太爷。县太爷在门前四面观看，在一张椅子上坐了半响就走了。村人赶忙追到半路去问究竟，县太爷并不多话，只是让村民去看那把椅子是否还在。如果没有搬走，它就代表大门的风水。村人回去一看，幸好椅子还在，于是就照着它的位置和朝向确定了大门。大门位于祠堂和戏台的西侧，与建筑中轴线呈45度偏角，正面朝西（上图）。门前视界穿过诗春宽阔的南部平原，直达远处群峰中的一个尖顶山（下图），气势非常开阔。原来祠堂自己的大门则退居二门，它的逼仄视廊，也成了欲扬之前的先抑了。诗春溪正好经过大门前，形成玉带环腰的意象。村民将水体分流，在大门的正前方做成一个半月塘。此塘又名泮池，可以振兴当地的文风。人们在塘中饲养红鱼，种植莲花，使之不仅具有防火作用，还是一个观赏水景。从风水上来看，泮池既像一张弓，抵御着外来的煞气，又像一个元宝，沉淀着村落的财富。为了拦住从大门进来的风水和财气，使之进入祠堂，戏台和祠堂的东部建造了一个大照壁。外人无法从东侧直接进入祠堂，必须绕行到西边才行。这就是目前进出诗春的道路。祠堂西去不远处，另有书院一座。它位于村子与天马溪之间，与祠堂分居在村南两侧。这里空气清新，风景优美，可避免村中干扰，也方便外村儿童前来读书。

177

允洽堂内部

上左图　祠堂内部
上右图　祠堂的斗栱
下图　寝堂的装饰

178

祠堂体形宏大，面阔18米，进深40米，三落两进，前后由仪门、享堂、寝堂组成。仪门中间设门墙，为了防止兜风，前后檐口做轩。享堂为近年复建，内部高悬"文武世家"牌匾。此匾被御赐于明洪武年间，是诗春村民的无上荣耀。仪门和享堂之间的庭院特别大（上左图）。因为对面的天马山实在过于雄伟，只有庭院做大，才能在寝堂前檐看到它的面貌。庭院大了以后，要实用才好，于是在享堂之前规划了宽阔的月台。因享堂位置偏后，寝堂便做成了二层，楼梯放在东部尽间中，借此拢住东去的财气。寝堂的梁枋雕刻精美（上右图），明间的斜撑使用了狮子盘球（下图）。

人们经允洽堂，沿诗春溪北上，即到村门。门位于溪西侧，正对南面，是一个单开间的亭子，四柱双坡（左图）。两侧柱间设美人靠拉结。过了村门就进入诗春，生活场景由此展开。映入眼帘的首先是一条狭窄的水道，其西侧是一条石板路，两者构成向北而去的小巷（右图）。巷子两侧民居密集。东侧由于高山的阻挡，民居只有一排，且正面朝西。西侧是平坦的坡地，房屋密密匝匝，沿河的东西向，其余为坐北朝南布局。溪流上面小桥密布。水边人家的门前均有水埠。有些水埠还伸到桥下，人们在此洗涤可以躲避日晒和雨淋。为了提升水位，阻拦杂物，埠头下游砌筑卵石水坝，并在坝顶开槽设板。每隔一定时期提起挡板，直泄而下的流水就会冲走积压的淤泥，给河道来一次大清洗。在河边，不少村民从上游引水，在家中挖池养鱼。水流日夜不停，带来了大量的营养物质，并将鱼塘的杂质带到下游肥田。由于水体来自山上岩石中的山泉，水温清凉，终年温差不大，因此这里的鱼叫作冷水鱼。它们生长慢，味鲜美。养鱼塘还是

诗春溪

左图 村门
右图 从巷子看天马山

住宅的观赏水池，发挥着消防和改善小气候的作用。溪流西侧用地宽敞，坐落着整个村子的主体。从河边的小巷开始，一条条石板路向西伸展。它们被两侧的民居围合，偶尔生出一些南北向的小路。

　　为了节约用地，民居都挤在小溪西侧一块不大的庄台上（上图）。这种拥挤，看似无奈，其实有很多好处的。它首先有一种防卫的功能。当外人进村后，立刻被高大封闭的实墙围在一条条狭窄的巷子里，既容易被迷惑，又容易受攻击。另外，这种村子的排布方式类似抱团取暖，可以有效地保持自身小气候的稳定。外界的环境变化，首先要经过巷子的缓冲才能

民居布局

上图 南面鸟瞰

到达建筑。当地人说，诗春的总体布局是燕形：头是祠堂，足是书院，翅膀是诗春溪，身子是村落的建筑，那一道道巷子就是燕子的羽毛。还有人认为这是凤形，因为在巷子的端头，有一口口古井，那就是凤凰羽毛上漂亮的眼斑。

民居形态

右图　西面近景

　　诗春民居占地很小，一般只有12～15米见方，为了争取面积，便向高处发展（右图）。在诗春，大多数住宅起步就是三层，这在我国其他地区是十分罕见的。房屋的平面布局遵循着中国传统民居先主后次、先整后零的规律。其特点就是在一块用地中，首先利用最大的规整地形安排天井及四周的主房，然后将剩下的边角地用辅房填满。诗春的每户住宅用地基本为矩形，且面积较小，因此在平面上，天井及主房、辅房的结构往往贴近融合，结成一体，很难看出是由两部分组成。天井由主房的房间围合，可以是三合天井、四合天井。其中北面的正房体形较大，多为三开间，此为上堂。左右厢房接在上堂尽间前方，一至两开间，这里有时进深小，只作为休息厅。下堂是门厅，或在明间开门，后设影壁；或在下堂东南侧开门。有些人家地方较小，不设下堂，只有一片外墙。下堂、厢房普遍为两层，上堂可以到三层，甚至四层。这里的用房围绕着天井安排，采光通风较好，房间规整，秩序井然。

民居上堂

左图 天井与上堂

上堂因为高度高，所以进深也大，这样才能更好地保持稳定。明间靠后处常设太师壁，将空间分成前后两部（左图）。太师壁为包含两柱的厚实木板壁，可加强民居结构刚度。太师壁前一般置放八仙桌、条几。条几上左钟右镜，表示终生平静。太师壁上挂着中堂和对联，体现主人的志趣。如果是宽敞的厅堂，明间两侧的板壁前还有椅子和茶几。这里是重要的场所，一般用于会客、祭祀和举行庆典。上堂面对着天井。天井中置石台，上面摆放盆栽绿化，用来点缀空间，调节气氛。这些景物在三合院中可以避免对面的白墙过于刺眼，也能在四合天井中稍微遮挡视线。太师壁的两侧设小门通向后堂。后堂是家人随意活动的地方，可称家庭活动室。有时在后堂设置楼梯上楼，并依靠狭窄的天井或高窗采光。上堂的次间是卧室。它们面阔小，进深大，往往分成前后两间。为了保温、防潮、隔热，房间设木地板和板壁墙，只在面阔的方向开漏窗。对着前天井的漏窗尤其精美。工匠用木雕组合成各式各样的图案，遮挡并吸引着人们的视线，使之不能窥视室内。这些精美的木格栅让光线散射进来，使得室内照度变得柔和。辅房是厨房、杂物间、楼梯间等，它们对采光通风的要求不高，使用秩序也不明显，因此可以安排在天井边的任何一处。在没有特别情况的时候，辅房大多安排在下风下水处。这就为地形利用带来很大的灵活性，也创造了丰富多彩的建筑形态。辅房会另设对外出入口。由于地块小，辅房的结构必须与主房无缝连接，有时共用立柱。它们不仅在功能上辅助天井，在结构上也有支撑之效。很多辅房与天井等高，便于外部的女墙围合。

民居楼上空间

左图 楼梯

　　楼梯在住宅的天井中不可见，既保持了楼上的私密性，也维护了天井的肃穆和整洁。它一般位于后堂或四周辅房内，一跑上楼（左图）。楼梯结构简洁，多以两根长长的杉木作为楼梯梁，以插在两者之间的厚板作为踏步，坡度较缓。一段楼梯只上一层，再上需重新择址，很少有上下相对的楼梯间。之所以如此，一是因为楼梯间会从下到上完全隔断两侧的连系梁，二是因为运输大件不方便。另外，楼梯都是一跑而上的，其硕大斜梁可以和其他梁柱形成一个稳定的三角形，将它们在平面上异地布置，能提高房屋的整体性。主房二楼的布置基本是一楼的重复，明间是客厅，次间是卧室，厢房也是卧室。一些辅房则用于储存。主房一般只有上堂部分有三楼。三楼常常不用板壁，明间和次间是一个通透的大空间，便于堆放杂物。如果确实要住人，则在次间用木板隔出一个小房间。它的天花并不到顶，而是在屋顶下另设，借此保温隔热，提高舒适性。

　　村落中建筑密集，加上天井狭小，晾晒农产品是一个难点。人们通过屋顶的"晒架"来解决这个问题。诗春住宅北面的上堂一般是高于厢房和下堂的（上图）。上堂的顶层朝南往往设置满开间的隔扇窗。厢房和下堂的屋顶上，常用砖头砌筑几个小墩。要晒农产品的时候，先在小墩上搁置横向长杆，再把纵向长杆架设在正房窗台和横杆上（下图）。如果对面的女墙与窗台等高，也可以直接架设在女墙上。杆子架设好后，就将大匾搁在上面。有时需要人走到屋面上去，因此下部的椽子、望板十分厚实。由于三层空间大多数用作储存，这里做成晒架，是非常适宜的。在诗春，不少下堂的屋檐并不采取封火墙，一个主要原因就是它没有晾晒的作用。

民居晒架

上图　上堂的顶层
下图　屋顶上的长杆

民居天井

左图 天穹

在这么小的建筑用地里，面积很重要，采光也很要紧，天井的设置变得很有学问。在诗春，很多建筑的天井实际上是一个天穹。其做法是每层的屋檐向外出挑，天井的开口越到上部越小，形成一个穹隆。为了增加采光，上堂前方的封火墙上总会开设一个凹口，使得阳光由此照射到上堂的太师壁（左图）。天井的墙体抹上白灰，利于让光线散射。为了使白墙不至于刺眼，户主在靠近二楼的地方写一个"福"字，下面则摆放花台盆栽。由于屋檐层层出挑，檐下的木构不受雨侵，加之这里光线柔和，于是在此设置了细腻的木雕，正好可以烘托上堂的隆重气氛。天井的开口很小，底层的木构后退很多，雨水就很难溅落到周边的墙柱。屋顶排水通过檐沟汇入紧贴檐墙的管沟，直落天井的窨井口。地面便不设明沟接水，只用石板铺平。这种做法扩展了原本较小的上堂空间，使得堂、井的地面连成一体，非常实用。落在天井石板上的雨水则通过板缝渗入。石板的下面，有的是下水道，有的则是卵石层，它们都能迅速将水排出。这种欢畅的排水，得益于庄台较高的地势。

民居窗洞

上图 较大的斗形窗
下左图 斗形窗外部
下右图 斗形窗内部

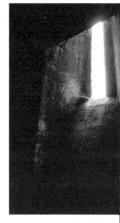

为了改善建筑的通风和采光条件，外墙上也开设一些窗洞。房屋彼此很近，如何开窗也是费心思的。在诗春民居中，一层的窗子较小，二层的窗子较大。一层外墙上经常开设斗形窗（上图）。窗洞上下沿是平行向内倾斜的面，侧面则是外小内大的八字形。从外部看，窗子宽度只有12厘米左右，但高度有60厘米（下左图）。从内部看，窗洞的宽度有36厘米，高度却不变（下右图）。窗子由砖固边，使用砖过梁。这种窗子优点不少。第一，防盗匪。这么小的窗子、这么高的窗台可以防止外人进入，具有很好的安全性。第二，能进光。窗子的洞口并非水平对外，而是倾斜向上，能够有效引入巷子上方的光线。两侧八字形的斜墙，也易于光线扩散。第三，阻火势。如果邻居家着火，上升的热气流是很难通过这个窗子向下蔓延的。第四，护隐私。这个窗子还能阻止一侧的人们看到另一侧，可以在狭窄巷子中保证私密性。在二层或三层的外墙上，由于位置较高，民居内部的私密性和安全性得到了保证，斗窗便逐渐减少，代之而来的是点窗。这种窗户一般24厘米宽、36厘米高。窗洞顶部用砖叠涩，形成覆钟形的轮廓。由于窗子比较宽，内设推拉木板随时启闭。这里位置高，风雨大，窗洞上方需设防水窗檐。为了不影响采光，并避开推拉的木构造，窗檐设在门洞上方较高处，两者间有一段白墙。缺少遮雨的墙体不管新旧，只要经过一个梅雨季节，就会慢慢变黑。这段白墙由于窗檐保护而整洁如初，更因窗洞对比而显得白璧无瑕，因此令人关注。工匠常在此施展绘画天赋。同样的做法也重复出现在大门之上。

　　诗春民居的通风也是很不错的。从大环境上看，村落位于东西向谷地中点的北侧，当东西向风盛行的时候，村落处于风道的边缘，从盆地进出的气流非常充沛。从村落的地势来看，村庄背山面水，靠山挡住了冬天的北风自不必多说，南面的水田、天马溪等水体也因和村落的比热不同而带来了对流风（上图）。白天，在太阳的照射下，砖瓦石构成的村落比热小，升温快，而水体比热大，升温慢，气流从南面流向村落；夜晚，水田的温度相对稳定，而村落降温快，气流则通过建筑吹向水体。对于村落本身，其密集的形态、纵横的巷道也有利于通风，改善小气候。夏天，白天的太阳高度角比较大，一部分阳光照在村落密集的屋顶上，黑瓦吸热后加热空气，空气受热上升，四面的空气便经过水街、巷子前来补充。这些气流经过各个层次的缓冲层，进入建筑的温度已经和建筑差不多。另一部分阳光

民居热工

上图 总体环境

照射在天井里，石板受热，引起空气上升，天井上方的气压就低，微风便从四面的房间进入天井。热空气直接从天井排走，保证了房间的舒适性。冬天，太阳高度角比较小，早晚的阳光顺着倾斜的屋顶照到厢房。中午的阳光更是可以通过南墙的缺口直射上堂的太师壁。另一部分阳光照在雪白的外墙上，由于墙体的反射，并不能引起多大的升温，由此引发的对流并不快，进而起到一定的保温作用。从建筑单体来看，建筑对通风的考虑也是很多的。首先，民居的外墙都是比较封闭的，很少开设大窗大洞，即使是三楼的隔扇窗，也是朝南开设的。除了南面的风，其他的大风很少能够直接吹到室内。诗春民居平时的通风都是依靠天井来获得的。房屋的前方有前天井，后方有后天井或者侧窗洞。这些行风通道，形态不同，朝向各异，两边的空气并不平衡，容易产生压力差。

太师壁通风

左图 太师壁

为了利用天井通风，人们在房屋中部巧妙地设置了太师壁（左图）。它就像一道活动闸门，有效地控制了气流。当太师壁两侧的小门开启时，前后天井的气流流动迅速，由此带动其他空间通风。当这些小门关闭时，前后天井的气流流动变得缓慢，整个房屋的气流趋于静止。因此在冬天时，适当关起太师壁的门，可以阻止空气流通，从而起到保温的作用。在夏日，打开太师壁的门就可以加强空气流动来降温。在整个住宅中，卧室的通风是不太好的。这一方面是出于要防卫的原因，使得卧室不能对外开窗，另一方面，卧室还要考虑到冬天的保温，由此导致了卧室是一个比较封闭的空间。为了在这种条件下提高舒适性，使卧室冬暖夏凉，村民在卧室里加设了板壁墙，使之和外墙之间有一个空气层，由此做到外部气候不能轻易影响到卧室。在夏天，人们普遍感觉老房子是十分阴凉的，但在冬天便觉得有点寒冷。但这点寒冷对于杀灭虫害是有利的。另外，在冬天，敞开的上堂的确温度比较低，但卧室的温度要高一点。由于卧室空间小，如果有外界热源，可以很好地保持微气候。这就是古人将卧室做得比较小和封闭的原因。在徽州地区，人们大多采用那种坐着或躺着的火桶取暖的。

民居结构

上图 断面
下图 基槽

诗春的建筑高达三四层，有的房子历经几百年不倒，结构非常合理和坚固，总结原因有以下几点。第一，这里的房子平面方正，高度接近。它们整体性好，较少有形态上的错落，没有因为荷载突变而产生危害。如果确实有附接的低矮院墙和用房，为了防止不均匀沉降带来的应力，墙体结构也是断开的。第二，房子采用了内部木构、外包砖墙的形式。其中前者是可变形的自适结构，后者是刚性结构。两层结构间采用分离的柔性连接方式。分离的特点有效消解了两种结构之间的冲突，柔性连接的方式又把这两者拉结起来。诗春建筑的内部木结构采用穿斗式，即通过每层的木穿来串联一根根高达三层的柱子，由此形成一榀屋架；然后将屋架之间用一根根枋和桁相连，形成一个木框架（上图）；最后在这个木框架内部铺设墙体、楼地板和屋面。这个结构体系通过榫卯相连，对外部应力有一定的容受能力，可自我调整到非常适应的状态。由于防火、防盗及热工的要求，诗春建筑的外部都要砌筑砖墙。这些砖墙自承重，不承受结构压力。墙体距离木柱的外皮大概有10厘米左右，两者分离。砌筑墙体时，需要开挖基槽，深度、宽度均为60厘米左右，基槽中用乱石立砌，填埋乱石和土（下图），然后在上面砌筑石块直到地面。地面以上的墙基依然用石块砌筑，利用它阻隔地下水汽，抵御勒脚处雨水的侵凌。勒脚一般20～30厘米高，上面砌筑砖墙，墙体厚度为30厘米左右的空斗墙，外表面砖块眠斗结合，内部填充砂土碎砖。

民居构造

左图　木条
右图　副桁

　　墙体靠近柱子的地方采用有燕尾槽口的砖块。工匠将木条压入燕尾槽内，然后砌筑到墙内（左图）。当砖块就位时，这个木条正好贴在柱子的外侧。一般来说，木条只要卡住柱子就可以了，如果要进一步强化连接，可以通过竹钉固定。大约在墙体上每隔2米左右，这个构造就出现一次。木条、燕尾榫甚至竹钉，在受力下都有一定的变形而不会发生断裂，它们起到了连接砖墙和木构的作用。在固定各榀屋架的时候，需要预先通过脊桁下部的副桁拉结好（右图）。副桁不仅在明间有，其他开间也有。由于柱子到了三层后顶部变得很细，不便开大洞容纳桁条的水平交接，因此各间的副桁在柱子中采用上下错位的方式连接。桁上铺设椽子，然后盖横向的木望板，再铺瓦。木望板可以封住瓦片的底部，防止瓦片被风吹翻，同时在屋顶上人的时候分担应力。

巷中民居

左图 从巷子向北看
右图 门前空间

　　诗春的巷子基本呈现方格网形。偶尔有些错位的巷子会产生一些丁字交叉。一户人家的房屋正好位于丁字口的北部（左图），门向东开，面对允洽山。为了使得门前空间宽敞，房屋的大门后退。大门后退后，正好位于一条南北向巷子的北端，颇觉受到干扰，于是在门边砌筑一短墙作为遮挡。短墙上在人眼高度开设一个漏窗，可供观察（右图）。

天井式民居

左图　鸟瞰
中图　入口
右图　前院

　　村中的建筑主要有两种类型——天井式和内天井式。前者有露天的天井，直接承受阳光雨露；后者有受到遮蔽的天井，依靠侧面大窗采光通风。施锡忠宅地处村落北部，位于在诗春溪西边的巷子里。房屋建于明代，坐北朝南，用地略呈直角梯形，南面为斜边，向东收窄，东西宽13米，南北最长15米。主房位于西侧，辅房位于东侧。主房为四合天井。正房在北，三层；厢房各居东西，两层；下堂横亘于南，也是两层。它们共同围合出一个天井。辅房在主房东侧，三合内天井，也由北正房、西厢房、南下堂组成。其中北正房与主房的北正房连成一体，西厢房和主房的东厢房合二为一，天井放在东侧。主房、辅房形成一个正方形的体量（左图），在其前方，利用楔形用地置前院。前院中，于东侧开大门，门向东开，面对允治山。为了使得门前空间宽敞，大门稍微后退（中图）。进入大门后，前院对面也设置了一间屋子，此为书房，前檐的木雕尤为精美（右图）。

天井式民居内部

左上图　下堂影壁
左中图　辅房内天井
左下图　楼梯
右图　天井

　　进入前院后，如再向北可进入主房的大门。此门正对内部的四合天井，为了遮挡视线，门内设一道影壁（左上图）。平时可从影壁两侧的门拱来往，重要时分则打开影壁中门进出。天井中，二、三层的木构层层出挑，将天井围成了天穹（右图）。阳光从上面散射而下，照亮了大梁上的雕花细节。在辅房的内天井中，三面围合的木构也向侧面大窗洞逐渐围合，阳光从此直射而下。这里是辅房，故不设木雕（左中图）。辅房的正房与主房的正房是连体建筑。前者位于东首，这里设置了楼梯间，楼梯均为一跑。一层到二层的楼梯放于房间的西侧，二层到三层的楼梯放于房间的东侧（左下图）。二楼布局与一楼类似。三楼则为开敞空间，不住人，只是堆放杂物。天井和内天井上都要架设长杆用于晾晒。

内天井式民居

左图 梯形宅
右图 接在山墙的辅房

　　梯形宅位于村子中南部，用地梯形，北面宽，南面窄。房屋由主房、辅房组成。主房在东部矩形地块，辅房在西部三角地块。为了高效利用面积，两者占满整个用地。主房为三合内天井式。辅房的结构和主房的上堂一致，故融入上堂。上堂南侧设内天井。内天井屋顶和上堂的二楼檐口有一定高差，正好给这里采光通风。建筑的两侧砌筑封火墙，防范左右邻居的火灾。房屋前后檐都有退让距离，火灾传导较弱，本可不设封火墙，但房屋在前檐依旧为之。一是为了衬托大门，二是为了给二楼充当晾晒的支架。封火墙砌筑在前檐屋顶上，高度与二楼栏杆平齐。二楼栏杆和前檐封火墙上架设长杆，就形成晾晒空间。单坡顶的瓦沟从封火墙穿过，形成前檐口的滴水。因为是内天井，因此前檐墙开设方形大窗采光。左右次间也开小窗户，为内部使用服务。这座建筑用地不规则，但因形就势，很是紧凑。有的建筑前檐没有降落的内天井，于是将一层的辅房做成单坡接在主房山墙，并在辅房前檐口做出封火墙，以便晾晒（右图）。

　　诗春的装饰主要有木雕和墨绘。施旺太宅是一座明代住宅。建筑共三层，主房在西，辅房在东，后面接有单坡。主房四合天井式，底层下堂设影壁，上堂中铺有木地板。辅房中有上楼的楼梯。住宅中，有几片木雕比较珍贵，传承了隋代赵州桥的神韵，具有典型的明代风格（左上图、左下图、右上图、右下图）。木雕位于上堂前的天井中，处在次间窗户中。这扇窗户不仅安装了向内双开的雕花窗扇，在

木雕

左上图　1号龙
左下图　2号龙
右上图　3号龙
右下图　4号龙

它的外侧还有一段略高于
成年人的固定隔扇，当地
人称之为"护静"。它可以
在不小心打开窗户时，遮
挡外面的视线。上堂前天
井光线明亮，既是卧室的
采光之所，又是外人视线
的易达之处，故其外表常
做繁复细密的花纹，以吸
引目光聚焦，保护内部私
密。此处木雕的内容是龙。
它们的形态各不相同。工
匠将蔓草、灵芝等化为云
气，密布在龙身周围，使
它们在有限的天地内神出
鬼没，顾盼生姿。

墨绘

上图 和合二仙图
下图 奎星点斗图

　　墨绘主要集中在门头处，手法较为高超。题材中体现了当地老百姓的喜好。有一幅是线描加渲染的和合二仙图（上图）。只见左边一人捧着盒子，右边一人扛着荷花，两人面容上扬，略带微笑，正相对而行。其衣袖当空飞舞，表现了一步三摇的恬美。他们之间一对鸳鸯正在浮游，漾起的波纹填充了两人的空隙，十分祥和。另有一幅则是常见的线描奎星点斗图（下图）。只见奎星如同水怪，他一手捧着书卷，一手挥着钓竿，正在驾驭着鳌鱼，甩过头顶的钓丝，以北斗七星为浮子、斗形的官印为诱饵。这些东西过于沉重，已经将钓竿压弯。他的前足刚刚踏在鳌鱼的头上，后足就向后蹬去。虽然甩腿太高，快要将官印踢飞，但他依然沉着冷静。

长滩

摘要

村落选址于峡谷前的婺水和西溪的汇流处，房屋在东山西坡，坐高望低，为了吃住两条溪流的风水，门向各有不同。由于地形坡度大，建筑层层跌落，甚为壮观。

关键词

婺源；长滩；坡地；村落

周边地势

右图　上下游卫星图

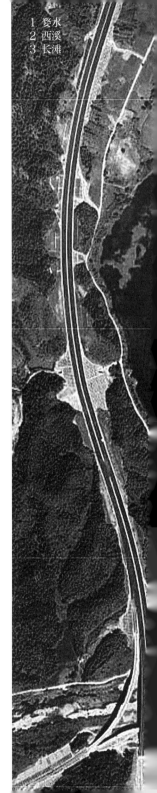

1 婺水
2 西溪
3 长滩

流经清华镇的婺水南行5公里后进入连续转弯的峡谷，奔向婺源城。这段峡谷长度20公里，由九个180度的大弯组成。长滩正好位于这些大弯的入口处（右图）。这里的河水从北而来，先向东南一拐，遇到大山的阻挡后，再向西而去，直入峡谷。另一条西溪则从东北的山坳中流出，于拐弯处注入大河。

218

村落布局

左图　眺望长滩
右图　长滩鸟瞰

　　村落的祖先俞氏，北宋期间迁居此地，至今已历三十多代。由于婺水下游即为高山峡谷，水流因此滞缓，极易泛滥，祖先便将村落安置在东侧山坡，并以西溪为界，称东山（左图）。村落南北长条形，北部为上东山，南部为下东山（右图）。在枯水期，溪流两侧出现大片滩地，故这里也称长滩。村落建筑布局随地形而变化，总体上来说居高临下，坐东向西。其中下东山的南面靠着婺水，这里的建筑便以此为向，坐东北、朝西南。除了农耕以外，长滩的村民主要做木材生意。上游的木材顺流而下，集聚于此，然后放到鄱阳湖。在长滩的下水口，曾造石质滚水坝，用于提高水位，拦住财气。坝顶留一道缺口，容木筏小舟等通过。在长滩的山上，还有一座高耸的水口亭，与石坝遥相呼应。

1 婺水
2 西溪
3 俞氏宗祠
4 东院屋
5 斜门屋

　　村落的南部分布着早期的建筑，它们建在较高的台地上。为了充分利用台地，每家的建筑彼此邻近，采用了天井和封火墙（左图）。场地轮廓不整齐，地形高差有变化，各户之间会有空隙的产生，这里正好处理为出入口、辅房、小院子（右图）。它们相互组合，远观高低错落，近看有一种巍峨的气势。另有一些新建的房屋下落到地坪更低处。这些建筑已经不是大户人家居住，家庭人口少，建筑规模小，多采用独栋式的内天井。由于地处外围，缺少前后院子，故在大门前用影壁加以遮蔽。长滩建筑的大门有两种朝向。下东山的建筑大门朝向南侧的水口，意在吃婺水财气。上东山的建筑大门朝向北侧，意在吃西溪的财气。两者的门向背靠背，无先无后，相辅相成。

南部坡地住宅

左图 南面
右图 各户的空隙

　　西边屋是位于下东山西边的建筑群（上图）。建筑下部砌筑了高高的台基，既可营造平地，也可避免洪灾。房屋由主房和辅房组合而成。其中辅房位于下水位，且向前探出，以便拢住门前南流的西溪。主房为三合天井式，历史悠久，其主入口开在南侧的厢房上。通常主房的主入口要开在

西边屋

上图 西北面

北厢房，以争得上水的财气，但是下游的辅房另设了一个拱门次入口，因此，大门南移和次入口靠近。为了迎接西溪的来水，在这两个出入口前砌筑共有的平台，做一条大楼梯向北延伸降落。

南边屋

左图 南面
右图 东面

　　南边屋位于下东山南侧。为了防洪，房屋位于高台之上，居高临下，坐东北，望西南（左图），从基座下到地面需经过长长的踏步（右图）。为了消除踏步带来的占地大、流线长等问题，工匠将它们组织到进入房屋的前导空间中；而房屋为了内部使用的安全、出门视廊的优美，也需要在门前安置入口序列。这两种需要一结合，就产生了长长的门院空间。这座房屋的大门朝向南部的大河。但是婺水水口以及优美的山峰在其东部。为了兼顾山水之美，在门前布置小院，然后于院子东部开拱门，以求紫气东来，最后在门前紧贴勒脚设置一溜踏步。踏步凌空一侧砌筑高不及人的栏板，以便眺望长河。正对门洞的墙上，留有一扇不起眼的小窗，在警戒时可以直视来人。

顶层凉棚

左上图 房屋结构
左下图 山墙通透
右图 前后檐开敞

　　长滩用地紧张，每户的主房多为三层（左上图）。由于地形层层跌落，后排的房屋高于前排，多数人家将向内收进的最上一层做成凉棚，既可采光通风，取得观赏、休憩与晾晒之便，又能节省材料、降低房屋重心。根据房屋坐向的不同，有的山墙处局部通透（左下图），有的前后檐口全部开敞（右图）。

　　俞氏宗祠又名允顺公祠，位于下东山中部的西侧。建筑紧邻小溪，面对大河。小溪在这里弯曲为汭位，大河则正对宗祠而来。房屋以小溪为玉带，吃着大河的风水。建筑背靠东山，前方对着案山，取势很好。后来，人们将宗祠拆除并在原地新建礼堂。由于宗祠的西立面非常坚固，难以推倒，故留之作为新礼堂的立面（左图）。再后来，西立面上的砖雕也被毁

俞氏宗祠

左图　礼堂西立面
右上图　砖雕梁枋
右下图　奎星点斗

坏。目前，礼堂正门上还有残留的牌楼式门脸，门脸三间五楼，青石门
套，砖雕梁枋（右上图），磨砖墙柱，白灰版心。顶楼下镶嵌一个奎星点
斗的砖雕（右下图）。只见辽阔的水面上，奎星脚踩鳌鱼，手举毛笔，正
要点斗。鳌鱼受其重压，似在奋力上浮。而下面的大海则簇拥起朵朵浪
花，为其造势。此砖雕占据高位，寓意吉祥，足可为宗祠护航。

　　东院屋位于下东山中部，坐北朝南，西侧与另一座大宅为邻（左图），东、北、南三面朝着巷子。建筑用地很小，为东西向长条形。东端用地还是一个切去东北角的梯形。为此，建筑主房放在西侧，辅房放在东侧；体量大的在低矮处，而体量小的在较高处，这对地形也是一种中和，可避免建筑向低处滑落。由于用地进深不大，故主房采用较浅的三合天井形，山面的封火墙只做两次跌落。如果主入口开在主房前檐，内部进深不够大，会被路人一览无余，故将它放在东部辅房。如此的话，东部辅房就不宜做成封闭的建筑实体，而要设成一个院子，以求从外部到内部的过渡。辅房设前后两落，前落是门房，后落是辅房，中间留有一个天井（中图）。此天井是采光之处，故在主房东面山墙设一开间砖雕门罩，作为二道门（右图）。

东院屋

左图 屋顶鸟瞰
中图 门房
右图 二道门

斜门屋

左上图　南面
左下图　门口台阶
　　右图　入口

斜门屋坐北朝南，三合天井式。整个南立面只有上部一个方窗，引入光线到中部的贯通空间（左上图）。主入口在东侧且内凹，形成了三角形的门廊（右图）。门廊的两个侧面中，一面安装大门，门略微西向，对着来水，吃住它的财气；另一面安装鸡犬洞。由于门在东侧，于是向西放置长长的踏道。踏道贴着建筑而下，避免占用其他用地，十分紧凑（左下图）。

地形与建筑

左图 砌筑墩台
右图 纵切等高线

　　基地有时不平，建筑需要跨越多个等高线砌筑：在高差不大的条件下，一般是通过墩台来营造平地（左图）；在高差较大的条件下，则是由建筑适应地形。这座用房也是坐北朝南，坐高望低（右图）。建筑纵切等高线很多，前后高差将近一层，于是将建筑设为跃层结构：在西面留出充满台阶的巷子，南面从巷子的底部进入一楼，北面由巷子的高处进入二楼，贴巷子一侧不开窗。

　　村中还有一些简易房。它们有的采用夯土建造，有的则用废弃砖瓦做
成。夯土房一般一层，夯土墙体、石头勒脚、双坡挑檐小瓦顶。夯土墙
采用的是2米长、40厘米高、35厘米厚的模板夯筑。门洞口则用砖柱承托
过梁。每个夯土块由数个夯土层累加而成，夯土块之间垫着砖带，可防止
大面积受潮脱落，其转角夯土层之间还插入相互咬合的砖块，抵御外来撞
击（左图）。村中有些房子无人打理，已经倒塌。农民将废弃的旧砖头捡
起来，重新盖房（右图）。原来的房屋是空斗墙，因此这些砖头很薄。如
果再砌筑空斗墙，就会太费工时。况且，这些砖头可能来自不同的房屋，
尺寸也会有差别。所以，新建建筑则采用丁砖斜砌的办法，通过角度的不

同，容纳不同尺寸的砖头，砌筑的速度也很快。由于这类墙体难以收头，故在房屋四角用眠砖砌柱。砖柱和墙体的下部依然要做石头勒脚防潮。这类墙体有一个好处，就是能够承受一定的重量，于是在墙上搁置桁条，做出挑檐屋顶，不用再设立柱。

村中简易房

左图　夯土房
右图　乱砖墙

猪圈

上图 结构图

　　这是村中的一座猪圈（上图），采用砖墙支撑木屋架的形式。平面四边形，下部用砖墙砌筑而成。砖墙转角升起柱础，然后在上面安装木屋架。柱础可保证木柱免受墙顶雨水侵蚀。屋架两榀，为两柱一瓜穿斗式，支撑上部的桁条、椽子和冷摊瓦屋面。屋面之所以支这么高，是因为要在砖墙上搁板作为储存空间。屋面单坡，后檐口矮小，前檐口高大。为

了形成对饲养人的遮蔽，在前檐挑小穿、托桁条，再做了一个小披檐，形成不等坡的形式。小穿的底部置斜撑，撑在每榀屋架的一穿挑出的榫头上。两榀屋架的柱间有枋木拉结。整个木结构用料细小，榫卯全部出头，并用楔子固定。建筑下部实墙，可隔绝内外，上部开敞，可采光通风，非常实用。

　　地形会影响到巷子的形态。这条巷子分出两条呈锐角的支路，以适应不同的坡度（左图）。两条支路围成的三角地之间也有房屋。房屋是辅房，因三面临路，故做成实墙避免干扰。这种形态也有利于保护后面的主房，有类似"石敢当"的作用。由于三角地过于狭窄，辅房的山面另做一个坡向尖角的单坡，以之和地形相配。有的巷子侧面是高台，为了不妨碍巷子的通行，于是将高台内凹，内部安排向上的踏道（右图）。高台的侧面不宜建造大屋子，一般做成开敞的辅房。

巷中建筑

左图 三角形用地
右图 高台上的辅房

  长滩的巷子高宽比很大（左图）。因为地形高低不平，巷子的形态走向极不规则，地面则用大块规整的石板铺就，石板纵横搭配，力求尽可能少的裁切（右上图）。路面不设排水明沟，流水顺着巷子流到低洼处，从石板上的条形缝隙流到地下的排水沟（右中图）。当地人说，由于地形高差特别大，排水沟又宽又深，甚至有儿童钻进去玩耍（右下图），为了保证安全，故做有盖的沟渠。

排水

左图 巷子
右上图 铺地
右中图 窨井盖
右下图 排水口

　　有一条窄小的支巷交
于一条主巷的拐弯处（左
上图）。支巷高于主巷，
出于便利交通的目的，从
支巷口扩散出一个转角的
大台阶，分别坡向主巷的
两头。为了不影响主巷的
通行，将大台阶的尖角切
除。另有一处巷子中，在
建筑的转角镶嵌了一块防
撞的青石，上面刻着"泰
山石敢当"几个字，作为
正对巷口建筑的符镇（左
下图）。铺地用的这些大

巷子

左上图 转角大台阶
左下图 转角"石敢当"
右上图 挡土墙
右下图 墩台

块规整的石板、石条肯定是有所裁切的。那些裁切下来的小料则用来砌筑挡土墙（右上图）。这些小料要填充在较大石料构成的框架中，竖向砌筑，分层上下咬合，这样才不致松散，确保能承托住房屋的重量。上山的台阶两侧，为了防止两侧水土流失，也有石头砌筑的跌落式墩台。这些墩台上部不承受重量，因此可用乱石较为随意地砌筑（右下图）。

泉眼

左图　公共泉眼
右图　私家泉眼

　　山脚有数口泉眼，或在大路边（左图），或在小院里（右图）。为了便于取水，村民挖去泉眼周边的土石，直到常年水位附近，然后将泉眼砌成一个方井，并通过长长的台阶上到地面。方井用石板围合，按照上下游分作两池，上游供取水，下游供洗涤，其溢流排到西溪。

装饰

上图　墨绘
下左图　砖雕
下右图　石刻

建筑外部装饰包括墨绘、砖雕、石雕等。墨绘附在墙上，对比鲜明，表现力强，但易受雨水侵害、人为涂抹，故散布在墙体角部或小窗檐下（上图）。砖雕可耐雨水，但质地疏松，只可粗雕，且易受损，因此设置于门罩上，高度为人所不及（下左图）。石刻质地坚硬、耐磨，可以细刻，常集中在门框等近人之处（下右图）。墨绘、砖雕及石刻这三者色泽青灰，在白墙的衬托下颇为显眼。随着岁月的流逝，墙面会因为受潮而显出斑驳的黑色，与这些装饰物融为一体。

　　民居的天井中常设盆栽，一般不能种树。除了树冠遮蔽日照、落叶阻塞瓦沟外，树根变大也会引起地面隆起，树干歪斜还可能与墙体冲突。如果有树木在院子里发芽，须及早清理。长滩有一座房子的院墙就被长起来的大树压坏（左图）。建筑的天井很高，也很小。为了避免屋面落雨的飞溅，民居会采用深明沟接水，或者用外露的陶管引水。有一户人家为了美观，将陶管隐藏在空斗墙内（右图）。这就需要安装坚实，定期检查，否则陶管歪斜或者漏水，极易引起墙体破坏。

建筑病害

左图　房内大树
右图　墙中陶管

结构

左图 燕尾形木楔
中图 木框架
右图 木楔

254

不少建筑已经破损，可被看到内部结构和构造。房屋做青砖门罩，有的砖雕已脱落。从门罩附着的背板来看，内部填充砖块，砖表有灰浆，此外还预埋上下两块燕尾形木楔（左图），用来拉结表面的砖雕。另有一些建筑的外墙已经倒塌，内部的木结构显现出来（中图）。木结构三层，柱子分成了两段，底层一段，二和三层一段，称为接柱造。柱子和外墙之间有空气层，可容许柱子有时不直。外墙的内部通过拔砖及预埋木楔拉结柱子，使得两者有所联系（右图）。

1949年后，村子西部架设了多跨连续石拱桥（上图）。婺源到清华的公路通车，从此人们打破摆渡的限制。石拱桥跨数多、孔径大、矢高小，且为敞肩形式。空透的桥跨落在收分巨大的桥墩上，既有现代结构的纤巧，又有古代石拱桥的厚重。从村落看去，桥梁虽长，但力学特点合理，构造细节得当，故桥与古村落相邻，不仅不突兀，反而映衬互补，使得弧形拱跨更加秀美，折线封火墙更加健劲。后来公路转移到村子后山，另建桥梁，导致水口亭等建筑拆除。但此桥依然留存，成为长滩图画中的一景。

石拱桥

上图 村落与拱桥

延村

摘要

村落位于多村居住的大型盆地末尾，地处延川河的北面缓坡，紧邻水口之上。明代金氏迁入，并逐渐成为望族，清时因经营木材、茶叶生意而获利颇丰。村落发展受五行学说影响。为了收纳上游的风水，村落布局在行列式的基础上做出形变，利用券门将大宅缀连成筏，做出斜巷改变建筑朝向，并设置弯路留住穿村的财气。

关键词

延村；缓坡地；大宅；联排

1 新源村
2 思溪村
3 延村
4 延川河
5 水口
6 婺水

村落所在盆地

上图 延村卫星图

　　发源于洪村的延川河向南流，在上堡村东拐，于新源村进入比较开敞的盆地（上图）。盆地东西长7公里，南北宽300米。水流在此蜿蜒而行，由东端水口而出，然后再行1公里，在思口镇汇入婺水。在水口上游，有思溪村和延村两个村落。其中延村紧邻水口，是整个盆地的锁财之地。很早以前，延村就有人居住。北宋时期，这里有查、吴、程、吕等姓，明正德年间金氏迁入，他们经营木材、茶叶等生意，渐成当地望族。富裕的商

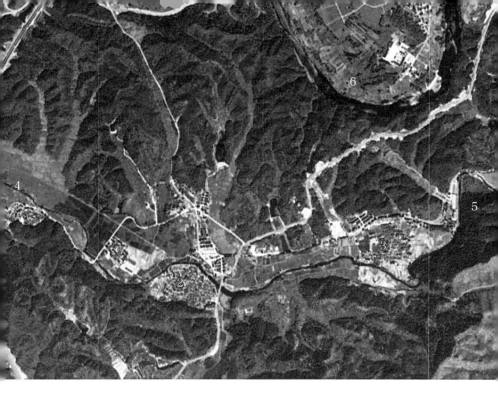

人在村中兴办私塾、建设大屋，使得延村成为当地有名的儒商之村。村子为两山夹一河的地理格局。北山和南山对峙，并在东北部留出一个窄口，放延川河而出。村子北部是一座条形的大山。这座大山为东西走向，南部微微有些凹入。此山北麓即为婺水，与村子直线距离仅700米。北山并不深厚，南坡能为延村提供的水源不多。为此，村落选址不能太高，以靠近延川河为宜。

262

1 半岛
2 水口
3 明训堂
4 斜边屋
5 拐角屋
6 西边屋
7 券门
8 废墟屋
9 东边宅
10 梯形屋
11 延川河

村子南部也有一座大山，山体走向弧形，由西—东向转折为西南—东北向。转折处偏东，且有一个凹口。因山形起伏如火焰，村民称之火把山。延川河贴着火把山东南而流，直入山的凹口，然后突然向东北一拐而去（上图）。这个拐弯很是特别，它并非是一个钝角，而是先扭了一个180度的大转弯，然后再向东北水口而去（下图）。水流在内侧冲积出一个半岛。大水来时，半岛淹没其中，水流直过其顶；大水退后，半岛重新露面，可缓滞水流，抬高地下水位。可能是古人觉察到这个半岛的调节作用，于是将自己葬在岛上，为子孙后代看管这个风水。目前岛上尚有一座金姓的古坟。有了这座坟墓在，后人就要不停地上坟，由此保持这个半岛的世代留存。此外，村民还信奉金木水火土五行相生相克的学说。他们认为对面是火把山，而火克金，因此坟墓要不定期淹没在水中，以求水克火。为了避免半岛被水冲走，岛上的坟包附近种植了大量竹木，这就是木克土。半岛的土完整了，就可以抵挡水流，形成土克水。而金是可以克木的，所以村民大量从事木材和茶叶生意。这五个方面相互联系，形成了顺应天道的人事循环。

总体布局

上图 村落鸟瞰
下图 远处水口

263

　　水流由拐弯处向东北而去，约200米之后，向北进入狭窄的山谷，在此建文昌阁、关帝庙作为封护（上图）。此处南面是山体，并无道路通达，故未设廊桥，只有一道滚水坝。坝体上游引出一道水流，用于冲击关帝庙和文昌阁下游的水碓。关帝庙、文昌阁和水碓共同形成一个紧凑的公共活动场所，它不仅是延村的水口，还和延村一起构成了整个盆地的下水口。延村的南山轮廓呈凹字形，主要影响了河道的走向。而北山是微拱的一字形，对村落的布局产生了作用。目前，村落布局有以下特点：第一，建筑排列靠山面水，坐北朝南。东西向是主要交通，设主巷三条，南北向是次要交通，设主巷一条，支路若干。在半岛上游，不少南北向的巷子直接延伸到河边，形成了埠头。第二，行列式的巷子依据山形、水势略作变形。

其中北部的巷子与北山的凹形配合，也呈斜状。因水流掉头的地方偏于东南侧，故斜巷边的住宅也对此偏转，以便吃到来水。为了留住上游而来的流水财气，东西向的主巷还设有转折。第三，在行列式的巷子之中，每家的地块都呈现方形，并且规模接近。这些总体特色也影响到了单体建筑，主要表现在分界处的券洞、倾斜地块的布局以及拐角处的房屋等。

水口

上图 关帝庙和文昌阁

　　村落位于溪北的平坦场地，数排房屋沿着溪流东西排列，如同一根根竹子做成的竹筏。横排的住宅中间会留有南北向的巷子，以便交通（左上图）。为了村子的安全、加强墙体的连接并分隔空间，多条巷子的首尾及中部设置连廊、券门（左下图、右图）。老百姓认为，它们还能够吃住从西侧来到巷子的财气。建筑内部有主房、辅房以及杂物小院，每个部分都有对外的出入口，以求便利。为了缩小对外界的干扰，户内往往会留出一个小院，将这些出入口包含在内，然后开一个总门对外。有时，几户血缘关系比较近的人家也共用一个院门。人们从外部进入村子，先要经过拱门入巷，然后由巷子中的门洞进入每户的前院，最后才能由前院中的屋门进入想去的地方。

券门

延村的巷子用青石铺地（上左图）。青石有的是规整的大料，有的则是裁切下来的小料。大料一般排在道路中间，而小料则是置于两旁，两者间的缝隙则用河卵石填充。它们在巷子中满铺，一般不设明沟，排水的沟渠在石板下方。流水可由石头表面渗入，或明排而出。这样即使巷子很窄，也能方便通行。在村子中间，有一处地方位于五条巷子的交口，这里交通便捷，用地宽松，因此挖掘一口深井，便于各家使用（上右图）。由于巷子交会成"火"字形，此井恰好位于"火"字的头部，因此有镇火的作用。井凿于明代，并于清道光年间重修。井栏为六边形，由六块石板以燕尾榫相扣而成。井壁是圆形，以弧形条石砌筑，深达7米。为了保持水体卫生，每年农历七月初七都要淘井，故在井壁上留下了两列攀缘的洞口，以便搭脚上下。在村中，窄巷交会处有时会出现一块空地，这里是村中透气、晾晒之所（下图）。

巷子

上左图　铺地
上右图　井
下图　晾晒之所

延村的住宅由主房、辅房和杂物小院组成。主房为天井式，二至三层，可以是三合天井，也可是前后天井，周边封火墙。辅房一至二层，可以是天井式，也可以是条屋，山墙基本是封火墙，前后檐为挑檐坡顶。辅房附加在主房的周边，可以和主房紧贴，也可以让开一段距离，做成夹院。杂物小院则是围绕在主房和辅房外侧的小院子，安排猪圈、牛栏、农具储存等。这些建筑一般一层，采用双坡顶的挑檐结构。主房的朝向一般要坐高望低，朝向南面。辅房在其侧面随之。而杂物小院却是利用空隙地而成，并无范式。各户主房基本相同，辅房稍有差异，杂物小院则各自区

别。这些大屋拼接缀连，既营造了统一的整体气势，又产生了诸多的微妙不同。延村的西面边界就是由前后几座大屋拼合而成，它们之间的巷口则用券洞连接（上图）。

西边屋

上图　西面

斜边屋

左图　鸟瞰
右图　南面

1 斜边屋
2 明训堂
3 广场

　　村中最出名的斜巷位于北侧，此处坡度较缓。巷子为西南—东北走向，
顺应了北山的凹形山势。道路做斜之后，可以方便路边建筑的前檐向南偏
东，朝向半岛处的流水转头。此处有两座建筑具有代表性，它们分别是明训
堂和斜边屋。斜边屋在东，明训堂在西，两者位于斜巷北侧，中间隔有一条
小路，用地都是南北的条状。斜边屋为了使得门前空间宽敞，将南面的斜
边从巷边收进，让出一个三角形的广场（左图）。斜边屋的建筑用地南北长、

东西窄，南北两头是平行的斜边，呈现平行四边形，工匠在此依然做出了三合天井的样式。天井朝东，后部是正房，前面是厢房。在用地的两头，正房向两端衍生，以之作为辅房。南侧辅房的立面朝向广场，位置比较重要，于是在此开便门。便门上有梁枋门罩，左右设葫芦形与花瓶形小窗（右图）。天井的正中设圆门向东，朝向建筑自身的花园，门洞上以"桂馥"两字应景。这个布局看似险中求奇，其实也是主次空间博弈的必然结果。

1 斜边屋
2 明训堂
3 厂场
4 前院

明训堂

上图 屋顶鸟瞰

下左图 大门

下中图 从前院向外看

下右图 前院象鼻栱

明训堂是村中的一座书院，也由主房和辅房组成，只不过辅房有两座之多。主人将主房放在后部的正方形用地中，而将一座辅房放在东侧的楔形用地，另一座辅房放在前面的梯形用地。主房前后天井式，两进两落。侧面辅房是条屋形，前面辅房则是对厢结构，即两座厢房隔着前院相对摆放（上图）。整个建筑的主入口位于面阔小的那间厢房，正对东部的三角形场地，巧妙地躲过了巷口的犯冲（下左图）。这个方向，也和流水的转头遥相呼应。大门一开间，青砖贴脸，既符合面阔不大的墙面，又使进门有开朗之感（下中图）。厢房两层，位于正房白墙之前。由于天光散射，檐口故作精美装修。为支撑挑檐，采用了象鼻栱等出挑构件（下右图）。

　　主房的大门居中，其后是天井。祖堂上"明训堂"三个大字赫然在目（左图）。太师壁后还有小天井，天光由此而下，让人身处如此封闭的老屋中依然有通透之感。祖堂前的天井是浅天井。排水孔刻在石板上，一边一个，非常显眼。它们是雕刻的重点，采用圆形花边内部刻纹的样式，一边是波涛中出没的鲤鱼，它面朝天边的红日，支起了胡须（右上图）；另一边是浪花中探头的蟾蜍，正在向上吐着云气（右下图）。鲤鱼，象征鲤鱼跃龙门；蟾蜍，比喻月宫折桂。两者都有励学进取的寓意，和明训堂的书院功能吻合。排水之日，水流由窨井雕刻的小孔而下，不时有气泡涌起。它们汩汩作响，仿佛是两只小动物的叫声，生动有趣。雕刻是浅浮雕，易于打扫，也能防滑。

明训堂

左图 祖堂
右上图 鲤鱼窨井盖
右下图 蟾蜍窨井盖

拐角屋

左图 屋顶鸟瞰
右图 弧形辅房

　　拐角屋位于村落西部。一条东西向的主巷向北转折后再向东拐。在向北转折处，分出一条向南的支巷。房屋坐落在交口的东南侧（左图），用地为南北向的矩形。房屋也由主房和辅房组成。主房放在地块偏东的中部，这样可以远离外界的道路。主房南部放置一条辅房，与主房形成前院，营造入口层次。主房的西北两侧建设另一条二层的辅房，作为主房和外界的隔离（右图）。这里的辅房采用了弧形转角，一是为了让大家通行方便，二是为了避免受到撞击。因为总体布局如此，故主房采用前后天井的形制，便于房间的采光通风。主房的主入口朝南，在前院的西侧设置整个建筑的大门。建筑方圆结合，疏密得当，布局紧凑，对环境也十分友善。

东边宅

上图 南立面
下图 东立面

　　一些散落在外围的建筑在布局上比较规整。东边宅位于村东偏北处，用地比较宽松，不和其他民宅毗邻。房屋依旧采用主房加辅房的形式。主房在上水，辅房在下水，以便将来建造前院时候，在上水处设大门。主房二层，三合天井式。立面上两片封火墙隔缝相对，留出进入天井与大厅的光线通道。大门位于封火墙下，居中设置，做砖雕门罩。整个立面底层不设窗户，仅二楼开小窗、挑窗檐，望之如同眼睛，和大门共同构成了人脸的意象（上图）。辅房也是两层，一层贯通进深，二层向后方缩进。一层的立面也不开窗，只设圆形拱门，与主房长方形门相异。二层的前檐开大窗，用来采光通风。在辅房二层和主房相接处，主房山墙伸出一个单坡顶，既保护主房的墙面，又扩大辅房二楼的采光面。由于进深大，只靠前檐采光不够，因此辅房侧面开设了多个竖条的斗形窗（下图）。

梯形屋

左图　屋顶鸟瞰
右图　西边鸟瞰

　　梯形屋是一座位于村落东南侧的屋子，设计颇有特色。房屋的用地是直角梯形，南面窄，北面宽，直角边在东，斜边在西（左图）。在这么一个用地中，户主首先将梯形看成是由东部矩形和西部三角形组成的用地，然后将前者给了主房，将后者给了辅房（右图）。因用地狭长，矩形用地采用了前后两座天井式主房对拼的方式。前主房两层，是前后天井式，南面是内天井，北面是露天天井。后主房三层，采用前露天天井。由于西边的三角形用地比较小，做独立的辅房难以实现，故将其结构融进矩形的主房。因此，前主房和后主房都有了以下变化。前主房的正房向西侧延伸了，其西边厢房为了配合正房的延长，也由原来与东侧一致的单坡变成了双坡。后主房的正房也向西延伸了，而西侧厢房为了和正房的延长相配合，也从与东侧一致的单坡变成了双坡。由于这里的三角形用地比较宽，因此，后主房的厢房变成双坡后，还有条件在西侧做一个天井，并在天井

1 前主房
2 后主房
3 前辅房
4 后辅房

的墙上开门对外。相反，因为用地窄，前主房的西厢房变成双坡后，就没有做天井的条件了。因此，厢房的屋顶直接伸到了建筑以外，成为出入口的雨篷。建筑前矮后高，总体上符合日照的要求。天井采用相对拼合的式样，是为了让高大体量的正房分居在南北两端，不遮挡中间天井的日照。三角形用地中的辅房采用了融进主房的方式，也是节约场地和材料的办法。如此布局决定了建筑入口朝西，正好可以吃到延川河来水的财气。这间屋子南、北、西三面临街，自然具有隔火地带，因此房屋的封火墙设置比较灵活，以省材、美观为宜。前后两座房屋之间是要有封火墙的。后主房的山面较高，这里设置封火墙可以防风，但后檐口不设；前主房只有东厢房设置封火墙，其余也不设。建筑形态端庄中富有变化，严密中富有空灵。目前屋子已经毁坏，如果不加以维修，将难以长存。

村中有座民居已破损，暴露了内部结构。这座建筑采用木框架外包砖墙的形式（左上图），两者间相距约10厘米，通过柔性方式连接，即在砖墙中预埋木条，使得木条紧靠在柱子侧面（左下图）。即便如此，木结构自身的稳定性也要做好。提高稳定性的重要手段是加强梁柱间的连接，使之难以形变。由于框架是榫卯交接的，结构变形很容易发生。加大柱子虽然说对提高刚度具有好处，但浪费材料、占用空间。因此，将梁做高是最有效率的办法。延村的木结构中，梁枋都是叠合形，这样可以利用小料。若干个小料通过穿带拼合，可形成高宽比接近10的大穿枋。为了赢得净高、美化室内，纵横穿枋在柱子上是平齐相交的。每根穿枋只是伸出上下两个榫头，便于彼此在同一柱高处错位插入（右图）。

废墟屋

左上图　破损的房屋
左下图　残存的结构
右图　穿枋的榫卯

西冲

摘要

西冲处于六水朝西、合流向东的延川河支流上。为了拦住多道财气，村落像竹节一样，分段横亘在狭长的山谷中。房屋设计采用割地法，填充在南北两座大山之间。祠堂则远离村内的狭窄用地，处于水口外侧。为了功能自足，建筑由多路组成。因门前用地开敞，故作牌坊式立面以壮声威。

关键词

西冲；分段布村；割地法；祠堂

1 敦伦堂
2 新亭
3 水井头
4 庄前
5 相公庙
6 乙照斋
7 友竹居
8 溪南房
9 割地法宅
10 懿行堂

总体布局

左图 西冲山谷

　　西冲位于婺源思口镇西部的一个盆地（左图）。盆地从西南向东北开敞，长约1公里。其南部山体呈条状，比较完整，北部山体如梳状，支脉较多。一条西冲河发源于西侧的大山，紧贴南山北麓向东北流去。北山数条山坞中的溪流全部贴着西边山脚而下，汇入西冲河，合流出村后进入比较宽的盆地，然后经延村汇入延村河，东过思口注入星江河。西冲位于河流上游，再往上走就是分水岭，并无村落。如果哪一家居于此地，就能独占上游的全部风水。南宋景定五年（1264年），俞姓世崇公来此开埠，经过长时间的繁衍，村落逐步形成了特有的格局。村落并非聚成一团，而是分成三段，从下游到上游分别是新亭、水井头和庄前，每段都在北面山坞的汇入处。这种做法是务实的。因为峡谷长1公里，宽度只有100米。如果采用集中式布局，村子会很长，对就近耕作非常不利。村子分段后，每段就像拦水的堤坝，拦住了每一条山坞中的水系，可保证各处都有新鲜水体补充。这就避免了上、下游的巨大区别，也利于各自向周边生长。每一小段聚落，都是上游的水口。

水口

上图　水口的路亭和廊桥
下图　相公庙

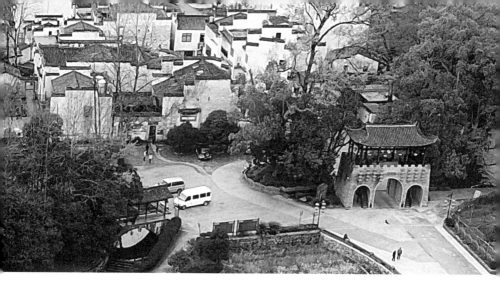

在盆地的东端开口处，村民将两侧山体相对延长，做成比较严密的水口（上图）。北部延伸的山体上布置相公庙、路亭（下图），南面的山麓则堆筑风水林、架设廊桥。路亭原来两层，横跨在进村小路上。前门匾为"六水朝西"，表明谷中支流贴着所在山坳的西侧而流、但干流却向东而去的水情。后门匾为"三峰拱北"，说出了西冲"三面高山、一面开口"的地势。原亭已毁，后建成三开间的拱门式城楼。这里相传是范蠡、西施的隐居之地，且位于思口镇之西，一开始称作"西谷"。后来，随着下游人口渐稠，延村、清华镇去景德镇可以从这里抄近道，西谷成了交通要冲，遂改名"西冲"。"冲"，原来是三点水旁，表示多水汇入；后写作"冲"，指代由水冲成的小平原。而"俞"又称"鱼"，俞姓村落在水冲之地自然生长良好，故此名沿用至今。

　　道光七年（1827年），当地金陵木商在村中建造大宗祠敦伦堂（上图）。因村中地狭，无法实现祠堂的宏伟蓝图，便将它放在水口外侧的北山山麓。这个选址是合适的，因为从水口开始，下游盆地转变成西北—东南走向。这个盆地长1公里，宽300米，规模比上游盆地要大。祠堂落在两个盆地的连接处。对来客而言，它是进入东部盆地后首先看到的房屋，具有引领视线的作用。即使这里有了村落，对人们的视线有所阻挡，祠堂依旧是整个盆地纵向轴线的终点。祠堂坐高望低，朝向微微偏西。此举使得祠堂侧立面以正向的姿态迎接来客。更为重要的是，祠堂大门可以正对南面大山的浑圆主峰（下图），与之形成出入口的"哼哈二将"。祠堂与村落具有一定距离，必须能够独立使用，所有功能需要自我完备，故采取主房加辅房的形式，形成三路并排的左、中、右结构。祠堂居于中部，东部是辅房，西部是节孝祠。中间的祠堂是设计重点。建筑三开间，采取三落两

进的标准格式。第一落是仪门，第二落是享堂，第三落是寝堂。仪门为民居样式，并没有用格栅门。这是因为建筑位于水口外侧，用地宽广，具有很长的欣赏距离，不需要立面上的木雕来增加光彩，而是靠体量和形态来取胜。因此，前檐也不必像有的祠堂那样设置格栅门来保护木雕。建筑的立面采用牌坊式入口，即在两层高的立面上，贴建了三间五楼的砖石门楼。

敦伦堂

上图 敦伦堂正面
下图 敦伦堂对景

敦伦堂仪门

上图 祠堂立面
下图 仪门与五凤楼

　　门楼装饰精美。立面上用水磨砖砌筑三开间的砖雕壁柱及梁枋（上图）。明间梁枋升高，在其中部砌筑中楼，形成三间五楼。楼顶屋脊设花脊，端头衔鳌鱼。各开间内部墙面贴对缝磨砖，明间顺纹，次间席纹。明间的版心镶嵌青石门框，支两扇黑色大门。大门上面的梁枋间，有一块门匾，刻"俞氏宗祠"。门匾之上、中楼之下的牌匾等级最高，此地留白，等待着记录后人的功名。整个牌坊立在横向大青石做成的台阶之上，体态巍峨，次间的屋面已经快到檐口，明间的屋面则在檐口以上，而中楼的屋面更是一飞冲天。牌坊的这么一片薄墙如何支撑？于是在其后侧做双坡屋顶加以固定，这个屋顶正好顺应牌坊下跌的趋势。但是，此屋顶高于仪门的横向屋顶。它后侧的山尖正对享堂。享堂是整个祠堂空间最开阔、活动最隆重的地方，它对着天井的视廊极为重要，有时甚至会在前方搭建戏台。因此，它面前的这个山尖要被美化才好（下图）。这里采用了五凤楼的结构。所谓五凤楼，就是从仪门两山向中部逐渐升高的五个屋顶，如同凤凰展翅一般。这种跌落的形态和山尖的走势一致，既可以将它挡住，又能够互相支撑。

　　五凤楼的屋顶是逐渐升高的，在面朝牌坊的坡面采用硬山，在面朝享堂的地方，却采用歇山。这一做法是为了避免硬山尖角给后者带来视觉上的冒犯。而且，歇山顶遮蔽范围更大，升腾感觉更强（左图）。如果歇山顶下面搭建戏台，在避雨的条件下，接受的光线更加充分。为了满足这样的结构，屋顶以下的梁枋构件很多，它们自然成为木雕大显身手的地方。五凤楼的大枋木上就施加了深雕，其内容是凤凰穿牡丹，形象似乎要与后部背景脱钩，光影效果十分浓厚，非此不能在很高的梁枋上显示出来，非此也不能在微微受到风吹日晒的环境中耐久（右图）。

敦伦堂五凤楼

左图　五凤楼内景
右图　木雕

1 蟹眼天井
2 三角形屋顶
3 五凤楼
4 双坡顶

敦伦堂蟹眼天井

左图 祠堂屋顶鸟瞰
右图 天井的光线

　　牌坊后侧的三角形屋顶，和仪门的横向双坡顶是十字交叉的。檐口排水直接落到祠堂前侧的两个边角中。这里做了蟹眼天井，用来承接雨水（左图）。因为是天井，所以外立面不开窗，由此也把牌坊衬托得更加动人。在经历了一段时间后，两侧的墙体都会变得斑驳。而牌坊由于是砖石造，所以能历久弥新。这个三角形屋顶使得仪门变成了工字廊结构。大门启闭时不占用仪门的空间，利于在这里搭建临时戏台。两侧蟹眼天井带来的漫射光，不仅能在日常时分提高仪门的照度，也能在演出时方便后台使用（右图）。

　　敦伦堂的享堂为四柱出厅结构，空间宏大（左图），整个大空间里只
有四根柱子。由于后两根柱子隐藏在太师壁内，实际上大厅中只有两柱。
前檐口也不设柱子，而是采用了一根高达1米左右的拱形大梁，横跨在
两边厢廊的柱子之上。大梁上下光素，两个柱子的柱础也是鼓墩形，没
有任何雕刻，与仪门繁复的雕刻有天壤之别，这种清冷便于在祭祀时衬
托繁复热烈的礼仪。抬头向上一看，幽暗屋顶下的空间被分成廊轩和内

敦伦堂享堂与寝堂

左图 享堂屋架
右上图 享堂结构
右下图 寝堂

六界两部分。叠斗抬梁，均施加雕刻。特别是空间分界处的连机，更是采用了镂雕。从太师壁向前看，在天井的衬托下，孔洞毕现。这些构件在装饰的同时，也引入了光线。屋架看上去是抬梁结构，实际上有穿斗韵味。每根梁上的瓜柱，都是直通到顶，直接承托桁条（右上图）。后进中的第三落是二层结构，空间逼仄，这里是安放牌位处，寂静幽深（右下图）。

　　祠堂东侧的辅房三进四落，比祠堂还多一进落（上图）。这是因为辅房和主房差不多长，但内部空间不需要那么大，特别是天井变小了，所以建筑的落数也变多了。房屋由两部分组成的，前部是一进两落的天井结构，后部是两进两落的天井结构。场地东侧有一条流水从北向南流，建筑前部为了顺应它的形态内收成了梯形。梯形在立面上的面阔会缩短，由此更能衬托中路的祠堂。为了进一步避免梯形的尖角对着来人，第一进还向后退缩，使得祠堂的中路更加凸显。

敦伦堂东辅房

上图　祠堂俯视

　　每逢村里有大事的时候，族人会请戏班子前来唱戏。戏班子少则三四人，多则七八人，他们在祠堂里会住上一段日子。因此，东辅房前部常作为厨房、餐厅使用。人们还从东侧溪流引一道水圳进入天井，形成了一个池塘，供人们洗涤、消防等（左图）。由于祠堂地面很高，而池塘的水位较低，故东、南侧设置向下的大台阶。为了便于清淤，进水孔做得很高，且大半部分在水面以上，达到了2米左右。这里也是紧急时的逃生之所，后人误以为这是水牢。后部是学馆及文人雅士聚集之所（右上图）。空间通透，并设置上楼的楼梯。楼上有跑马廊，串联着四周的一圈房间。前落有屋顶晒架，供人们晾晒衣物。后落的西边房间，则有上到祠堂后落的楼梯。东辅房的前部在端头开南门，后部比前部宽，交界处也直接开南门对外。这两个南门与祠堂大门同向，但它们逐次后退，并不抢夺大门的风水（右下图）。此外，后部的东头也设了一个东门，方便使用。

敦伦堂东辅房内部

左图 水池
右上图 辅房后部
右下图 辅房南门

　　从东辅房的楼梯可以上到祠堂寝堂的二楼（下图），这是一个开敞的三间打通的大空间。木构比较细小。从前檐栏杆向前看，享堂屋面上只有一道排瓦的屋脊，并无任何装饰。两侧封火墙也非常简洁。在寝堂前檐下方、享堂屋脊上方以及两侧封火墙限定的这个区域中，五开间牌楼不见了，五凤楼也消失了。但是，这个框景中却出现了远方的南山（上图），其山势起伏，如同波涛汹涌的文海，又好比等待巨椽的笔架，非常壮美。这种景色的取得，需要综合考虑建筑与北山的位置关系，以及内部各空间的安排，是有意而为的。

敦伦堂寝堂二楼

上图 前檐对景
下图 楼梯

　　乙照斋建于清，是现存的蒙学书院。建筑选址于水井头村前，面对大片水田，采光、通风、取水良好（左图）。房屋用地是不规则的南北条形，建筑采取主房加辅房形制。主房在南侧，位居矩形用地。辅房在北，位居梯形用地。这种安排既合乎用地轮廓，也利于高差补位。因为南侧用地稍低，而北侧稍高，故将大体量建筑放在下水位，用来抵住上水位较小的辅房。主房采用三合天井形，但稍有变化。建筑朝东，正房两层（右上图），厢房一层，前设院墙。由于厢房仅一层，故院墙低矮，方便天井周边房间采光。正房两侧用封火墙，前后檐则是坡檐。前檐一层设置腰檐，可防雨水飘入和太阳暴晒。建筑大门利用北厢房做成。工匠将北厢房的封火墙稍微向内部折弯，然后在墙上做门罩，开大门。之所以要折弯后开门并使得大门斜向，是因为只有这样，才能和东部的辅房呈现出钝角，更具欢迎

乙照斋

左图　东立面
右上图　正房室内
右下图　泮池

感。也只有如此，才能在大门的东北侧看到优美的案山。大门后的门厅空间实际上是厢房。从这里可以直接进入主房的天井，也可以返身经过小门来到厨房，进而穿过厨房来到东边小院。院中有一半圆形水池（右下图），其直径边贴着辅房，正好于此设埠头。一条水圳从埠头西部流来，向其东部而去。在书院建筑中，建筑外部一般会开挖半圆形水池，一是为了消防，二是象征泮池，祈求文风昌盛。水池置于院内，可以兼为厨房服务，与祠堂中的水池道理一致。其半圆形轮廓与梯形用地契合，更显天成。两侧厢房的主体并没有采取单坡顶坡向院子，而是采用了从正房的腰檐接坡的形式，以此减小高度，便于采光。前院墙正中装大型镂空花窗。此窗花纹较密，可在通风、采光的条件下，减少外来干扰。

　　友竹居是文人雅集处，也建于清代（左图）。建筑选址与乙照斋类似，房屋地处庄前的东头，建筑东部是大片的水田。房屋坐北朝南。由于前后房屋也遵循这种朝向，故每户开口只能在东西两侧。友竹居的开口便在东侧。为了防止来人直视大门，门前以通长的巷子充当前院，并在东端开拱门（右上图）。在正对每户出入口处，巷子的院墙升高作为影壁。友竹居的主房是三合天井形。厢房与正房等高，因此侧面封火墙不做跌落。南面封火墙留出中间的开口，容纳阳光进来。此开口以下接一个单坡作为辅房（右下图），此辅房也设小门对外。此门的礼仪性要求低，要方便快捷，故位于巷子外侧。

友竹居

左图 东立面
右上图 门前巷子
右下图 屋顶鸟瞰

庄前溪南房

左上图 溪南的房屋
左下图 门口的小桥
右图 坐凳和埠头

　　村子溪流的南侧只有一排房屋，其中有座房屋因为体量小，故得名小吾庐。建筑位于庄前，背靠南山，朝向西北。由于用地紧张，房屋进深很浅但面阔较宽，以线形位于南侧的坡地上（左上图）。最西边的房屋是天井式，其余两座都是内天井式。前者是有条件对着上游开门的，古人认为这样做可以吃到水的财气，其余几座只能对着西边开门。但是紧邻西边的是溪流，因此在大门口就要架桥（左下图）。有一座大门布置得比较细致（右图）：门口的台阶下架设一座石板桥通向对岸，对岸的下游出挑一块石板作为踏步，借此可以下到水中的石埠头上。为了和石埠头上的人对话聊天，石板桥的上游设置石头坐凳，一个简单实用的门前场所就此形成。

　　这块用地位于庄前中部，从北山延伸到南山，呈现条状。北面用地小，南面用地大，近似一个靴形（左图）。主人将用地分成三块。南面最大的用地安排前后天井的住宅，建筑坐北朝南，南面的天井十分规整，可以举办大事。北部的天井有一侧墙体是内收的，但由于不是礼仪空间，故无碍。西侧三角形用地的建筑做成了一个单坡檐。单坡檐的两侧用封火墙围合，以便和主体统一。中间的用地规模中等，是一个梯形，在此安排了三合天井的房子。为了使正房好用，建筑坐东向西，将天井放在西侧。南侧的厢房要大于北侧的厢房，符合低处做大而高处做小的规律。北段的用地最小，在此安排一个东西向的房屋，建筑只有双坡顶式的内天井，并无外部空间。上述布局运用了割地法，即将一块用地进行分割，将其中较规整宽阔的用地，优先给最重要的建筑；将剩余的不规则用地，继续进行切割，其中好的用地继续给较重要的空间；如此下去，直到最后。在每一块割出来的用地中，也行此法。如此就能做到功能和用地的充分对应，各得其所（右图）。

割地法

左图 从西侧看用地
右图 从南侧看用地

1 前后天井
2 三合天井
3 双坡顶

　　懿行堂位于庄前西部，建于清代道光年间。房屋坐西北，朝东南，横亘在峡谷中间，近乎将两边大山连在一起，只在东南边留出溪流的通道（上图）。房屋处在北山一条山坞的东端，将这里的溪流也收藏在内，像一个堤坝，承担着挡风水的任务。建筑由主房和辅房组成。主房前后四进，位于上游；辅房是一条备弄，位于下游。这种布局可以方便辅房和村子联系。从古人的风水观来看，这是为了利用辅房抵住主房，将来如果要设置大门，可以将大门朝西，依靠下水位的辅房吃住风水。建筑的主房由前后两部组成，前部两进两落，都是二层；后部两进两落，前落是三层，其余也是二层。后部中还有一个鱼池，兼消防之用。这个作用与祠堂、书院的水池是一致的。南部立面上，主房和辅房并排而立，但主房高、辅房矮（下图）。主房大门居中，采用了垂花砖砌门罩，而辅房只是出了一个挑檐，两者既协调，又有主次。

懿行堂

上图 鸟瞰
下图 立面

　　村中的取水依靠井水。井分为三类。一类井在干流南侧的山麓下，这里紧接大山的山脚，可以利用山体内蓄积的泉水。比较著名的有石壁井（左图）。此井位于山脚下，由人工开凿而成，是西冲最古老的井。井水由石壁渗水滴聚而成，平时就叮咚有声。它与村子隔着一条小溪，水质非常洁净。在干旱时，小溪的水体还可以反向渗入，确保井水不干。村民取水的时候，需要跨过小溪上的石板桥，颇有神秘感。由于此井位于小溪旁边，洗涤、取水都可以满足。与此类似的井，村中还有一口（右上图）。

水井和水池

左图　石壁井
右上图　另一口石壁井
右中图　六边形井栏
右下图　洗涤池

另有一类水井位于村中。由于当地地下水位较高，出现不少涌泉。将这些泉眼用石条围合，就形成了取水口。为了方便使用，井台往往降低至水位处。这就要在取水口周边开挖，砌筑下沉式井台，如吴王井。在地形较高处，村民也会打井取水。这里水位低，挖掘低井台占地大，故村民砌筑井栏保证安全。井栏一般六边形，以六块巨石形成燕尾榫上下扣合。这类井村中有七口，统称七星井（右中图）。还有一些则是在溪流边的洗涤池，即用条石围合一个小池塘，引入溪流而成（右下图）。

传说吴王井是西施临水照镜的地方。井位于水井头，在一个小广场的中间，其北部紧邻高台上的道路。为了保护行人，引导地面流水，路边砌筑矮墙，兼为坐凳。广场上设置台阶下到低矮的井台，弯腰就可汲水（左上图）。井口四方，水清冽，可以直饮。康熙年间，在高台侧面镶嵌一块禁碑用来管理水体。其上的铭文是：

"门路缺坏，水流污秽，实为可憎。今众协力，复修整成。但门路之上，一概毋许堆柴、停粪、晷灰等事，犯者即行从严叱罚。如不遵依，定行罚银五钱交众，绝不放纵。康熙三十四年乙亥岁冬月。"

井台的西边有一座房屋（左下图）。建筑用地狭小，由主房和辅房组成。主房三层，坐北朝南。辅房两层，以单坡檐附建于主房东部，上面砌筑封火墙。从三层主房的山面伸出长杆搭在墙上，形成晒架。此举可以避免晾晒时占用井台。房屋的东山墙对着井台开设小门，门前就是从思口到景德镇的要道。为了防止行人直行而走错道路，在建筑东北墙角镶嵌了一块巨大的护角石，上面写着"大路转弯"（右图）。

吴王井

左上图 井台
左下图 房屋立面
右图 护角石

洪村

摘要

号称长寿古里的洪村始建于北宋年间，它位于溪流北侧的山坡，面对溪南田地中的一座山峰，保持着众星拱月的千古格局。村落以大树补齐水尾山的缺口，以廊桥锁住村落的财气。房屋依照拢风水的规律进行设计，形式多变而又统一。

关键词

洪村；廊桥；风水；财气

　　思溪发源于婺源中部的大山，先向北，再向南，然后向东，在思口汇入婺水。洪村位于思溪上游，处于由北向南的转弯处。这个转弯比较独特，由两个紧接的下弦月组成。第一个转弯比较大，第二个转弯比较小（上图）。村落坐落在前者之北，并以后者作为它的下水口。房屋位于水流转弯的外侧，并不在南侧的汭位。这是因为北侧为坡地，地势高，耕作难，建房却是无碍；而南侧为冲积平原，土壤肥沃，是难得的良田。况且，建筑居高临下，坐北朝南，可以避免洪水之害，享受阳光之好。房屋

沿着环形河流向山上扩散，共同面对前方平原上的南山。这里背风向阳，得山水之环抱、水口之闭合，确是一方宝地。

总体风水

上图 洪村卫星图

房屋取势

上图 村落建筑图 [1]

1 光裕堂
2 三厚堂
3 敦素堂
4 思善堂
5 大夫第
6 世英公祠
7 吴天民宅
8 路亭
9 培源桥
10 石板桥
11 石拱廊桥
12 内天井宅
13 南山

　　自始祖洪济于北宋初年开埠以来，后代子孙在第一个转弯的山坡上逐渐发展。房屋密密匝匝，始终没有越过溪流占据对面的田地，形成了沿水毗邻、向心朝山的格局（上图）。

　　洪村位于峡谷之中，村落的耕地散落在上下游两岸。上游田地位置高，难以得到村落中随水而出的有机养分，而下游田地则能全部吸纳，故下游两岸分布着村落的大片农耕之地。为了勾连两岸的交通，田中常造桥。因此，桥也成为进入村落的前兆。洪村在进村前设置了两座桥梁。第一座桥位于水口下方，此桥西北—东南走向，采用木梁简支的形式，一跨过河。桥上做五开间桥屋（上图）。中间三跨架在木梁上，柱间置美人靠护栏，两头尽间造在路上，以开间对路开敞。这种做法可避免山檐的尖角对着来人而引起不适。从风水上来看，桥屋将河边的道路也一起覆盖，可以锁住更多财气。桥跨的木梁垫在两边路上的石墩上，增加了桥的净高。洪水来时，即使水中有漂浮物，也威胁不到桥梁。如果水位继续上涨，则会漫到路外的田野，而木桥却能始终处于水上，足以自全。桥位于旷野之中，受风雨影响甚大。因原有出檐较小，桥体遭风雨侵蚀已逐渐老化，目前采用木挑梁加斜撑的方式加以维护，增加一根条檐桁，延长两边出檐（下图）。

328

木梁廊桥

上图 廊桥侧面
下图 廊桥端头

石拱廊桥

上图 廊桥侧面
下图 廊桥上游的村落

第二座廊桥位于第一个转弯的东部，处在水尾山的尖端，距离对岸山体最近，在此做桥可以勾连两边山势，将上游村落闭合。由于这里是村落的出水，水流被驳岸收紧，河道较深，驳岸高起，故桥体采用石拱的方式（上图）。虽然石拱不怕风雨，但是桥上还是建造了廊屋。这并非是要保护下面的石拱，而是做成高耸的体量，连接两边地势。桥屋五开间，中间三间在桥上，两侧尽间在路上。桥拱位置由驳岸情况而定，桥屋位置则据道路而来，故两者中心并不对位。桥上三间依旧采用美人靠护栏，两边尽间则以面阔对路开敞，形式对称。桥的下游砌拦水坝，提高上游的水位。从上游看去，桥拱倒映在平静的水面，上下形成一个满月。而从下游看来，瀑布之上廊桥横卧，哗哗的水声传来，并无半点人家。只有逆水穿过廊桥，人们才能看到画卷般的村庄。可见廊桥的封护作用是明显的（下图）。

石板桥

上图 石板桥
下图 村落沿河景象

石拱桥距离村落还有一段距离，在这中间另有一座石板桥（上图）。桥址正好处在村落房屋的东部边缘。由于这里溪流较宽，故水中设有一墩，两边架设石板相连。桥墩很长，前置分水尖分水，阻拦杂物。这里架桥除了能通行以外，还可滞缓上游大型漂浮物，避免它们直接冲向下游的拱桥。桥石制，并无吃风水的任务，故不设廊屋。过了此桥，村庄的立面就展示在眼前。沿河地块用水方便，非常宝贵。由于南侧用地要留给耕作，北岸沿线便极为稀缺。这里的视廊对着南山，景观也非常好，因此每家都要在这里插足（下图）。为了照顾大多数人的利益，祠堂也不临水了，各户只占据一小块临水用地，有的三四间，有的一两间。由于开间大小不等，各户平面布局也有差异，导致沿水立面千姿百态。房屋采用外部砖墙、内部木构的形制。为了隔火，建筑以狭窄的巷子为界，或以高高的封火墙隔离。这些墙体超出屋顶，将后者的不同形态归拢在片状的基调中，任其变化。

吴天民宅

上左图 屋顶鸟瞰
上右图 梯形院子
下图 沿水立面

吴天民宅位于村东，处于溪水由北转南的北岸。房屋用地是一个向内部伸展的条状，前方因为流水转弯，故成梯形（上左图）。房屋占据了后部的大块矩形用地，在屋前留出一个梯形做院子（上右图）。矩形用地又分成中部和后部两部分。后部是辅房，中部是主房。主房三开间，正房在后，厢房在前，围成一个天井。厢房的山墙是封火墙，各开一扇小窗。中间与天井相对的院墙向下跌落，以便光线射入。在前面的梯形用地中，下水位空地较大，故建筑在此做单坡檐，坡顶坡向水的上游，一是因为这里是长向，二是因为这个小屋是护拢，具有拢住上游风水的任务。上水位用地较小，建筑在这里也做一个单坡檐，但坡向溪流。之所以如此，一是因为这个单坡檐也是坡向长向，室内空间比较好用，而且如此也会尽可能引导西部的风水来到大门；另一个原因是，将来在紧接这个单坡处要装大门，故应避免雨水坡向这里。上下水位的披檐在建筑门前围了一个前院（下图），然后在院墙中安装大门。门紧靠上水位，用来吃到上风上水。由于房屋临水，建筑基址高于路面，入口处要设台阶。为了避免侵占道路，大门内凹，内凹处置踏步。内凹之后，门墙和两侧单坡檐之间设斜墙连接，自然形成影壁，由此造就了一孔三间三楼的大门。进门后，人们不能立刻看到主房大门，需要向东侧一拐，才能正视。为了给主房室内带来顺畅的穿堂风，院墙正对大门处开镂空花窗。因室内地基较高，居家之人可由花窗看到外面的风景，但外人却看不到室内。

培源桥和村口

上图 村落沿河景观
下左图 培源桥
下右图 培源桥桥面

人们从石板桥往上走，就到了村口的培源桥（上图）。桥为简支石板桥，中间也设一墩（下左图），墩前砌分水尖，后壁上嵌入一块巨石，书"培源桥"。站在桥上西看，桥面正对南山的北缘。它们连成一线，兜住了上游的核心地带。桥面宽阔，用五块青石板铺设，两边砌石栏。石栏以石板架在石墩上做成，可供坐憩，也便于行洪（下右图）。此桥位于村落中

部，是整个村落中的较低之处。桥
下的北岸暗藏着整个村落的排水口。
桥的对岸就是村口。将排水口和村
口合二为一是十分巧妙的。从村民
来看，排出的水体中富含风水，来
客由此进村，可为村落留财。从来
客来看，从这里进村，可在晋谒的
过程中，踏上步步高升的道路。这
既是地理条件的必然，又符合逆水
而上的行进心理。

村口牌楼

上图 沿水面的牌楼
下左图 "奉宪永禁赌博"碑
下右图 "奉宪养生"碑

桥北立长寿坊牌楼一座，牌楼为一孔三间五楼样式，如同小五凤楼。牌楼在普通的门墙中间开有一个洞口，然后将洞口上方的屋顶分成三段，中段抬高，便于在屋顶与门洞之间嵌入门匾。屋顶中段抬升后，就形成跌落的三间样式。由于门楼和边上的建筑紧密相连，于是在次间前做八字形斜墙，以此弥合门楼与边上建筑之间的阴角，并形成自己的影壁。如此便造就一孔三间五楼的样式（上图）。两边的影壁高度相等，但长度和角度却是不同的，下水位影壁稍长，且更向内部收拢，以便将风水吃住。两边影壁各有一块石碑，均立于嘉庆十五年（1810年）四月二十七日。南侧为"奉宪永禁赌博"碑（下左图），北侧为"奉宪养生"碑（下右图）。赌博为乡村公害，它乱心术、损健康，故禁赌碑常被有余钱的洪村人作为警示放在村口。而养生碑则体现了当地人对生态循环的朴素认知。因为保育门前溪流中的鱼虾不仅能消解村落排入的有机杂质，保持水体清洁，还能吃掉水中的蚊虫，提供卫生的环境。为了不干扰正常的渔猎，碑文中还具体规定了禁渔的地点："上至南坑口亭下至下水碓碣石"。南坑口是村落上游的一片田地，下水碓则在石拱廊桥的下游。正是因为恪守了这些条例，这里的人们厚道淳朴，安居乐业。洪村也逐渐成为长寿之乡，于是乡民刻"长寿古里"匾，将之置于村门之首。看上去是牌楼式大门镶嵌了这三块碑匾，其实是三块碑匾支撑了这座大门，它们赋予了村门以教化意义。牌楼前做了一个小广场，方便人们驻足。广场楔形，从外部一直延伸到牌楼后面的巷子中。一条码头在北岸向来水伸出长长的埠头，这里可以休憩，可以浣洗，可以迎来送往，是一个惬意的好地方。

牌楼墨绘

左图 石匾上的白墙
右图 奎星点斗墨绘

　　牌楼最高楼屋顶之下、"长寿古里"牌匾之上有一片白色的短墙，绘有一幅钟馗的画像，但这是后来改绘的。以前这里白墙下面隐约有奎星点斗的墨绘痕迹（左图）。曾经有段时间，人们将这幅壁画描绘了出来，尽管笔画远不如老画纯熟，但依旧可见当年的姿态。目前，村北一座住宅的门头还保存着这幅奎星点斗的墨绘（右图）。此奎星单足踩着祥云，做跳跃状，左手拿着古代官帽，右手握着毛笔，反手正好点中了头上北斗七星中间的奎星。奎星身上缠绕飘舞的绶带，使之远看如同"寿"字。此图案为婺源常见，在紫阳镇、长滩村也有类似做法。

1 培源桥
2 长寿坊
3 思善堂

思善堂

左图　鸟瞰
右图　沿河立面

思善堂紧贴村口上水，布局与吴天明宅类似（左图）。天井式的主房前是前院。前院的大门位于上游，且微微向上游偏转。大门一开间，并非三间三楼的隆重式样。因为下游不远就是村口，这里做小，才不至于抢夺村口牌楼的风头。大门做得小也带来了好处，整个建筑可以借用高耸的村门作为护拢，吃到上游的风水（右图）。进入院门之后，前院的东墙角曾有一棵很大的桂花树，这棵树是为增加下游的分量、拦取风水所植。树荫探出头来，为门前埠头上洗涤及桥上休憩的百姓遮蔽烈日。培源桥另一侧的住宅前院也曾有一棵大桂花树，两者一左一右，守护着村门。

沿河建筑

左图　屋顶鸟瞰
右图　沿河面

　　建筑的门口如果有院子，一般都会在上水位设置大门，即使没有院子，前檐墙上的大门也会偏向上游一点。下述两宅都是如此。西侧房屋为大夫第，三间三层，屋顶是双坡顶，两边是封火墙（左图）。为了结构稳固，一层、二层占满整个用地，而三层后退。由于用地是不规则形，因此二层前檐的屋檐并不与地面保持平行，而是逐渐向下倾斜。为了弱化这种不协调的形态，屋檐瓦垄之上再砌水平短墙。屋面排水由墙根的瓦沟而下。这种短墙的高度正好与后面三层的檐下栏杆平齐，在此搭长杆可以争取到晾晒空间。房屋虽然是三开间，但并不对称，下水位次间要大于上水位次间，因此明间大门并不居中，而是偏向上游（右图）。东侧房屋是世

英公祠。这座房子开间更小，但进深较大，如果依旧采用前后双坡，会导致屋顶很高，因此房屋采用山墙面河的方式。为了消除山尖对沿河面的犯冲，檐口砌筑三屏风封火墙，以之面对溪流。由于封火墙实面为多，故一层的墙上贴建高耸门罩，中间置门洞，两侧开小窗。由于底层门洞的存在，为了结构安全，二层的山墙上仍以实面为主，继续开一排小窗。而三层的阁楼处开出大窗洞用来纳阳晾晒。此窗洞与底下的门洞相隔一层，不会轻易形成通缝。由于村落建筑布局紧凑，空地较少，因此空隙处插入长杆进行晾晒是常见之法。

1 培源
2 广
3 光裕堂前

　　经过培源桥，牌楼后的巷子越来越窄，到了最窄处则是一个广场（左图）。广场四面围合，只在四角留有小巷。四条小巷呈现风车状，并不对位。其中南北两户对着广场开小门。南部建筑两层，北立面上开一个大门和两层小窗（右上图）。由于面对公共场所，底层的窗户做得尤其窄小，且高度在门洞高度以上。窗户如此瘦高，其竖直断面是一个平行四边形，以便天光直泻。窗顶由两片底瓦拼成人字形作为过梁，显得更加高峻。在广场朝东处，墙下方开一个拱券，尺度较大，从这个拱券向东则是光裕堂的前院（右下图）。

广场

左图 广场
右上图 北立面
右下图 拱券

公议茶规碑

左图 位置
右图 碑文

　　光裕堂的拱券右墙根镶嵌一块碑文（左图）。这是规范茶叶买卖的公议茶规碑（右图）。碑立于道光四年五月初一，由"光裕堂衿耆约保全立"。其文用楷书阴刻，大致意思是全村制作"公称两把"，促进茶叶买卖公平，不得有投机欺诈的行为；如有违背，"罚通宵戏一台，银五两入祠"。洪村的松萝茶是绿茶中的精品。此茶原产休宁县松萝山，具有强心、利尿、降压等药理作用，是著名的药用茶。茶交易市场有了上述公约的保证，买卖双方自然就和气生财。上文中提到公平秤有两把。因为若只有一把公平秤，自身不准时就难以被人察觉。而两把在一起用，稍有差错即刻便知。这是比较先进的。另外，如有违规者，则罚戏一台，这也是高明的。第一，戏曲大多有教化意义，罚戏一台实际上具有上课培训的意味。第二，大家来看戏的时候，都会打听由头，那么谁被罚也会被众人知晓。这一做法有利于建立个人的诚信。第三，将罚款得来的钱财用在明处，也是公平合理、惠及大众的。

井口□演戲勒石釘公秤兩桅□釘式拾兩□

買入村任客按主入祠較秤一字工稱貨價□

既務要前後如一凡主家買賣客每得私情弊□

賣貨查出罰遇宵戲一臺銀伍兩入祠洪不拘□

極廣不遵者仍要倍罰無異

賣茶客人村先商銀色言明開秤無論好名□

長不作常存

碍時明陰淨退並無袋位

賣弈先兌銀後發茶行邪得私弊

辭兩祀連年天值年鄉約收執賣茶之日

进了拱券之后是一个狭窄的前院，墙根处排着一溜旗杆墩（左上图），上面原来插着表示祖宗功德的旗杆，目前已不存（左中图）。院墙对面则是宗祠光裕堂。房屋虽说不沿着水，但可取得较高地势。它正对南山主脉，气势雄伟。祠堂建于清，三开间，两进三落。前檐口做大挑檐，正门前采用格栅门，视线通过格栅直达背后的砖雕大门，空间感觉虽小，但不觉得拥堵。格栅门在平时可以让祠堂通风，并可阻挡家禽等进入，保持门前的肃静和威严。门后三间不作分隔，空间开阔。门廊、厢廊及天井的地面是平齐的，更显得空间一统（左下图）。为了防水，祠堂设置一圈深檐沟。天井用石板铺设。檐沟两侧的石板均为大料，不做细小的台明，因此地面的完整性更强。转角檐沟的内外均用石板裁切成曲尺形，避免不均匀沉降造成的起翘。祭堂也是三间打通的大空间，明间檐口只在对应厢廊的地方立双柱，用一根弧形的大梁托举上面的屋架，视野开阔。地面比天井高出三个台阶，明间和次间同时做三个踏道，更加觉得这是两个广场间的关系，从而减弱了天井的存在（右图）。

光裕堂

左上图 前院
左中图 旗杆墩
左下图 天井地面
右图 祭堂前檐

光裕堂祭堂

上图 祭堂梁架
下图 仪门后檐

祭堂是祭拜最重要的大厅，空间开阔，梁架硕大，装饰豪华（上图）。后金柱间设置太师壁，可开后门到寝堂，那是安放祖宗牌位的地方。站在祭堂向前看，远山并没有入景，于是将仪门的后檐口明间升高，做成一个歇山顶（下图）。此屋顶如同一顶官帽在天井上空中缓缓升起。由于歇山顶的出挑，檐下的木构全部暴露出来，于是在此做雕刻承受天光，引人注目。

　　家祠又名三昼堂，位于宗祠的下游，仿佛是其护拢，可为之拢住财气，位置适宜。建筑与宗祠并排而立，也和前方的房屋形成一个横向前庭，但其两侧不设券洞，空间序列不如光裕堂严整（上图）。建筑前方没有旗杆墩。前檐墙不设格栅门，直接在白墙上砌筑砖雕门楼（下右图）。门楼三间三楼，中间是门洞，两侧是席纹磨砖的版心。建筑三落两进，面阔比宗祠要小。祭堂前檐的东西大梁（下左图）远不如前者雄壮。从祖堂前看，下堂屋顶为平檐口，不做歇山顶（下中图），只有地面处理与宗祠相同。

三昼堂

三昼堂柱子

左上图 方形鼓磴
左中图 八边形鼓磴
左下图 圆形鼓磴
右图 柱头铁箍

　　由于空间高大，加上天井并不凹陷，四角柱子做高鼓磴，并采用石制以防水侵。其余柱子木制。鼓磴落在磉石上，磉石为方形石板，与地面平齐。鼓磴为两段式，上段是鼓形墩，下段是喇叭形底座。鼓形墩布满雕刻，内容均为莲瓣南瓜式，即在莲瓣内雕刻出棱状的南瓜纹，具有长寿、多子的寓意。鼓磴的形式充满变化。在仪门的门厅中，鼓磴是方形，对应上面的方形石柱（左上图）；在祭堂前檐口，鼓磴是八边形，对应上面的圆形石柱（左中图）；而在后部柱子中，鼓磴是圆形，也是对应上面的圆形木柱（左下图）。重要柱子的底部和上部或箍铁圈，用于遮缝、防裂（右图）。家祠的位置、体量以及装修程度都较宗祠低，但它在这种条件下，通过砖雕门罩、鼓磴等做出了自己的特色，起到了补充、烘托的作用。

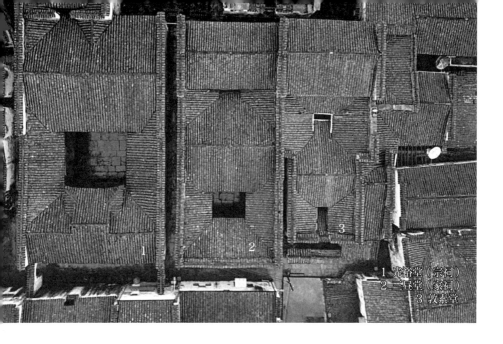

1 光裕堂（宗祠）
2 三畏堂（家祠）
3 敦素堂

敦素堂

上图 鸟瞰
下图 南立面

敦素堂紧挨在家祠东部。这座建筑为朝议大夫洪钧的家宅，建于清嘉庆年间。敦素堂与家祠、宗祠并排（上图）。家祠为了不抢宗祠的风头，面阔变小，且门前两侧不设券洞。敦素堂为了不抢家祠的风头，也作了如下处理。第一，敦素堂将主体建筑后退，前部置前院，后部置三落两进。房屋前院的院墙和家祠高大的前檐墙平齐，但高度要低，气势上保持了低调。第二，主体建筑虽然三落两进，但前进面阔缩小，使之和后进成品字形。这不仅使得敦素堂更加小巧玲珑，烘托祠堂的端庄大方，也使得在人们进入的过程中，空间逐步放大。面阔缩小后，前进的两侧各自留出一块空地。其中西侧的空地作为一条巷子，不填入任何建筑，使得家祠独立而伟岸（下图）。东侧的空地则安排辅房，使得主体和外部稍作隔离。东侧安排辅房是很有依据的。因为大溪从西侧而来，辅房安排在东侧，可以挡住风水。从地形上来说，东部地势稍高，大体量主房西置，可以抵挡住东部小体量辅房的下移。主体建筑的前檐正中砌筑华丽的砖雕大门。这个砖雕门楼隐藏在狭窄的前院里，倚靠在窄小的面阔上，显得雄伟壮观，不能逼视。第三，在前院中，因为西侧是大溪所在，故大门放在西侧可以争到财气。大门靠近家祠，为一开间的墙门，非常朴实，也为后部的砖雕大门提供了落差。为了使得进门的财气灌入砖雕大门，前院的下水位用单坡挡住。以上就是敦素堂的生成步骤，其结果无疑是得体的。面对西侧的家祠，敦素堂恭谨地站在一边并稍微退后。作为住宅，它的进入方式曲折私密，空间营造先抑后扬。人们进入朴实的院门，并不能看到内部，必须向东一拐，才能到达精美的砖雕门。由此门进入，来者才能沿着住宅的中轴线前进，感受空间由小到大的变化。

1 宗祠
2 家祠
3 寒梅馆

寒梅馆

左上图 位置
左中图 屋顶
左下图 切角
　右图 大门

　　村北有一处书斋。房屋选址于两座祠堂后面的山坡上，坐北朝南，背靠山丘，面对南山，位置十分显要，体现了洪村人对读书的重视（左上图）。屋子三合天井式。为了让开上山的道路，屋子的东北角切掉一块，变成五边形，如梅花之五瓣（左中图）。为了以"梅花香自苦寒来"的名言励学，故名之寒梅馆。房屋设置两门。大门开在西厢房处（右图），小门开在东北的切角上（左下图），外表非常朴素。两门呈现对角分布，便于空气流通。建筑内部空间高峻。连接厢房的封火墙中间是相对较低的院墙，此处光线射入，可以直到大堂。光线在洒下的过程中，照得周围檐下的木构清晰可见。这里遮阳避雨，是木雕有所作为的地方。

寒梅馆木雕

上图 天井
下图 战场图

寒梅馆的天井中，正对井口的地方摆放一个大水缸，可用来灭火，抢救宝贵的木构及书籍（上图）。东厢房紧接檐下的一块枋木上雕刻一幅战场图，描绘了一个激烈的交战场面。画面中间是一座石拱桥，桥左有一位将军，正在掩护一位后撤的小将（下图）。小将一边跑，一边扭头回看。将军则右手提钢鞭，左手前推，似要止住追兵。桥的另一侧是四个赶来的士兵，他们弯腰疾进。第一个小兵跑得最快，前腿快要插到将军的脚下，正在举着盾牌抵挡将要落下的钢鞭。整个场景虽然很长，但画面以拱桥为中心，交战双方由此展开，再加上各方人员互相掩映，所以全图并不松散。在正对天井的厅堂里，两侧柱子上各有一件可旋转的烛台。白天可以收拢，紧贴墙壁，不占地方；晚上插上蜡烛后，能多角度展开，使得烛火悬于空中，既明亮，又安全，方便夜读。

　既然是寒梅馆，建筑装饰上就要有寒梅的暗示。除了建筑是五边形的轮廓外，房子内部还有两处这样的木雕。一处位于太师壁耳门上方的亮子。这里的亮子用木条拼接成冰裂纹，并点缀一些梅花（左图）。梅花正好在木条的交接处，便于榫卯相接（右上图）。由于太师壁后方的厅有窗，因此这件镂空的亮子处于两个有光线的厅堂分界处，故看上去颇为通透。亮子位于两座大门之间，即使在太师壁关闭时，依旧有通风的效果。风从镂空的梅花中穿过，似乎带来它的清香。另一处木雕也在天井厢房的枋木上，为插着梅花的梅瓶（右下图）。梅瓶小口丰肩，瘦底圈足，立在一个底座上，处在"万字不到头"的背景中。在梅瓶表面也施浅刻，以多边形冰裂纹连接一些梅花。瓶口中则插着一剪梅，一支断头老干向两侧生出铁一样的支脉，上面盛开着朵朵梅花。梅花非常硕大，似乎就要落下。在这间安静的书馆，这些梅花永远也不愿落地，生怕惊动了边上的读书人。

寒梅馆冰裂纹

左图　天井深处的太师壁
右上图　太师壁亮子
右下图　木雕梅瓶

寒梅馆砖雕

上图　天井中雕刻
下图　鲤鱼跃龙门

前方的院墙是祖堂正对处。它处于院落之中，光线更为充足，装饰不亚于两侧檐下（上图）。主人在院墙上花了心思，先用薄砖砌筑墙面，并以挑砖构成两道收边，形成白墙上的一大块帷幕（下图）。这个墙面营造了一个灰度，使得室内光线趋于柔和，同时也保护了天井较高的墙面，使之耐得住风雨侵蚀。然后主人在砖墙中间镶嵌了一块砖雕，题材是有励学作用的鲤鱼跃龙门。图案呈圆窗形。上半部分雕刻一条腾飞的巨龙，巨龙绕着圆窗东行，最后扭头向西，目光遥远，似乎看向画外。下半部分雕刻的是石拱桥边的老者和儿童正在仰看巨龙，桥下的一条大鲤鱼也屈曲着身子，望着天上的神兽，似乎就要打挺而起，去追随它的足迹。图案的下部是鲤鱼、小桥、房屋、人物和露台，事物众多。由于它们之间距离较远，因此轮廓清晰。在这种条件下，上部的神龙既要表现个性，也要衬托下面的疏阔，于是借来云气，将自己做成了密不透风的样式。这样具象的图案，要落在磨砖对缝的照壁上，如何衔接是一个问题。工匠首先在砖雕外围衬托了一层花边，花边由逼真的八支花束组成，围绕着圆盘呈中心对称。每束花的中间是花朵，两边是卷叶，共有四种花形，象征四季轮回。具象的花束与砖雕类似，同构的造型开始向抽象趋同。这是一种巧妙的过渡，但直接与墙体交接还是不够自然，于是在花边外侧再设一层回纹，共有28朵，合仓颉造字之数。这个纹路中心对称，与花边取得了统一，但其造型完全程式化，故能与砖缝协调。一个非常具象的鲤鱼跃龙门最终通过两层渐进的纹样过渡，被嵌入到照壁墙中。

　　北部山上的一座房屋历史较短，没有繁复的装饰（左图）。建筑三合天井式样，共三层。前方厢房的山墙做两跌落，与中间院墙的高度落差不大，光线由此进入天井。厢房的二层对外开小窗，上面做窗檐。底层中部设置入口，不做门罩，只是飞出几皮砖形成一字形檐口，和小窗一致。大门前方是过境道路，为了保护私密，门前砌筑一个影壁（右上图）。整个建筑立面如同一个人脸，外部的影壁像使之戴了一个口罩。在新建的一些房子里，建筑虽然依旧采用封火墙的样式，但是墙上已经开设了采光的大窗（右下图），若在古代这是不能防火、防盗的。

影壁宅

左图 建筑立面
右上图 立面的影壁
右下图 封火墙

村中建筑密集，高度又高，如何晾晒是一个难题。稻谷收割下来、用风机去皮后（左上图），在收储前要进行干燥、杀虫，更需要长时间的暴晒。临水的人家在刚收割后的田地里铺上席子、木板，就得到一块很好的晒场（左中图）。靠近后山的人家因为地势较高，就在住家附近的空地上晾晒。衣服、被单等则依靠河边的竹竿晾晒，这样洗后就可以直接挂起，非常方便（右图）。一些平时储存在阁楼的零星物件则在建筑高处进行晾晒。建筑外表虽然封闭，但是到了二层以上，一般会在向阳的檐墙做出大窗户，挑出长杆承托竹匾晾晒。还有的建筑则用长杆搁置在前方披檐的女儿墙上，摆上大匾晾晒（左下图）。女儿墙的下部砌筑在瓦垄之上，并不妨碍屋面的排水。

晾晒场地

左上图　风机
左中图　晾晒场地
左下图　搁置长杆晾晒
右图　衣物的晾晒

门口台阶

左上图　悬挑台阶
左下图　家祠台阶
右图　巷中台阶

建筑设贴脸式门罩遮雨、装饰，这样可以不占用地。门罩比较短小，因此贴脸中常设砖墙保持清洁。为了防水、防潮，房屋内部比外部高，因此门口要做台阶。台阶直接向下砌筑，既不多占用道路，又可使屋檐滴水滴在台阶外侧，避免飞溅到门上。由于这级台阶并非宽大的平台，故能和建筑整体砌筑，一般利用压在门槛下的长石直接做成。下一步台阶则是放在门坪上，和上层台阶无结构关系（左上图）。压在门槛下的石头可能沉降较多，而地面上的石头可能沉降较少，结构分开可避免撕裂。在家祠中，由于前广场比较宽阔，因此门口踏步做到了门罩的三开间长度，两头用垂带石封住尖角，烘托了门头的坚实和伟岸（左下图）。普通建筑的下石比较短小，只要略宽过门洞就可。在巷子中，下石的宽度甚至没有门宽。上下两块石头的尖角都要切除，上石一般做成海棠花瓣形，下石经常受到冲击，故以简洁的斜边为好（右图）。

大溪

左图 大溪
右图 滚水坝

洪村的水系主要由一条西来南转的大溪和一条北来的小溪组成。大溪是洪村的主要河道。沿着大溪向下，人们就可到思口镇乃至婺源，逆流向上，则可到硖石村乃至源头。由于山洪时常爆发，为了防止村中的大溪改道，两边砌筑石头驳岸（左图）。石材大小不一，形态不等，因此砌法相异：对于一些两头尖尖的石头，则竖向砌筑，使得上下咬合；对于一些平整四方的石头，则错缝眠砌。这两种砌法在河道上间次展开，使得驳岸更为牢固。驳岸的顶部则用大石板压边，石缝中常有小草长出，可以巩固灰泥。溪流中每隔一段距离修筑滚水坝，用来蓄水（右图）。滚水坝用石头砌筑，断面三角形。俯视之，迎水坡面用巨石砌成直线，顺水坡面用巨石砌成拱形，如此便增强了坝体的抗冲击能力。每块石头的长向顺着水流摆放，可减少水流阻力。两个坡面的石头各自错缝排列，慢慢向顶部升起。顶部要挡水严密，因此预埋了横向的石料。但坝顶中间不设横石，而是留出一个凹口，供水流在平时通过。在枯水期，凹口还可以插入石板，抬高上游水位。洪水期水流没顶而过，可迅速泄洪。

　　小溪发源于洪村北部的山岭，从村北汇入大溪。人们溯流筑道，翻越
分水岭，就到清华。这是进出村落的一条次要小路。后来，人们在此基础
上修筑了机动车道，使之成为过境的主要交通。村北的入口处还建设了一
个广场。广场中部有一个绿丛，那是特意留下的小溪的埠头（上左图）。
埠头下沉于地面，沿着水道两侧对称布置。水道用条石砌筑成长条形水
池，两头接以涵洞，一头出水，一头进水，汩汩有声。这是原来小溪中的
一段。埠头的两端均有长长踏步上到路面。河埠头的周边种植藤蔓植物，
清幽隐蔽，人在其中，丝毫不觉外面的沧桑变化。小溪入村之后就变成明
沟（上右图），经过北岸的石板桥后注入大溪（下图）。

小溪

上左图 隐蔽的埠头

上右图 小溪的明沟

下图 小溪的出水口

村落排水

左上图 天井排水
左中图 窨井盖
左下图 檐沟的水筸
右图 明沟

村落中分布着巷道明沟、室内排水沟等。这些沟渠主要排放山上的水流、雨天的水体以及生活用水。有的建筑因室内面积小，为了方便使用，在天井内铺石板，与周边地面平齐（左上图），仅在窨井口的地方稍低，使得水流由窨井盖的缝隙渗入，然后经由地下排出。此时，用陶制或竹制的管道收集屋面雨水，将之送入窨井口，可避免雨水自由下落而飞溅四周（左中图）。另一种房屋则做天井檐沟，在檐沟侧面设排水口，使得水流由此排出（左下图）。窄小的巷子里常在一侧墙体留出明沟，收集水体进入大溪。人们在沟边搭建石板桥进入家门（右图）。

银杏和樟树

上左图 两棵树的位置
上中图 两棵树近景
上右图 从下游看两棵树
下图 从上游看两棵树

1 银杏
2 樟树

1 银杏
2 樟树

1 银杏
2 樟树

1 银杏
2 樟树

　　村东的水尾山与北部的靠山之间有一个凹陷（上左图），使得村落三面被围的格局不够紧密。为了弥补这里的不连续，祖先在这里种下了银杏、樟树两棵大树（上中图）。它们已存近千年，枝叶繁茂，恰好填补了山势的裂痕。银杏秋冬变色，而樟树亘古长青，对比非常鲜明。在下游进村之前，人们就可以看到这两棵树。由于大树的填充，背山和水尾山连成一体（上右图）。水尾山的尖端一直延伸到拱桥处，而拱桥又和对景山相连，彻底形成了一个兜住上游的大网。从上游看来，银杏和樟树也弥补了左边那个山势低洼的地方，形成了整个村落的屏障（下图）。当北风呼啸而来，下游的大树和山势合在一起，形成一个聚气之所，将全村拥入怀抱。当南风缓缓而至，两棵大树好比是一扇过滤粉尘的门帘，将自己的特有清香，随风散入千万家。

1 广场
2 巷子
3 洪五和宅

正对窄巷的墙上，底层不开门窗。这里经常被人们直视，受扰最多（上左图）。为了寻求心理安慰，住户常将一块石头嵌入此处，写上"泰山石敢当"（上右图），希望它和泰山一样，可挡住外来冲煞。如果这里需要采光，则开高位竖条窗（上左图）。二层因为不受行人的视线干扰，为了视野好、光线亮，则会开较大的窗。村中洪五和宅的门上也嵌入一块砖雕。此砖雕刻成虎头形，名吞口（下左图）。这里正好面对祠堂前的巷子（下中图），故用它威慑外来不祥之物，既为祠堂镇煞，也为自己辟邪。砖雕颜色青灰，唯有两只突出的眼睛用白灰点白，非常生动（下右图）。抚州、吉安地区的做法与之类似，但以石质为多，且少有点睛。

符镇

上左图　高位竖条窗
上右图　泰山石敢当
下左图　门上的吞口
下中图　祠堂前的巷子
下右图　砖雕吞口

双喜

左图 券门
右上图 大门与影壁
右下图 影壁边的短墙

　　如果觉得巷子中有些墙角对人们不友好，常用砌筑券门的方式将它化解。这种券门还有限定空间、加强结构的作用（左图）。建筑的主入口宜朝向端正、优美的空间，避开那些倾斜的屋顶、直奔而来的巷口等，如果实在无法避免，就应该调整门向或砌筑影壁。例如，位于村中的性善堂的门外是一块小广场，但是大门正对着一个单层的披屋（右上图）。为了使得出门景观宜人，披屋砌筑短墙将山墙稍微延长，以便挡住对面的巷子口，然后将山墙刷白，写一个"双喜"字（右下图）。

　　紧接小溪注入大溪的下游有一座路亭（左图）。此亭是洪村唯一的路
亭，选址非常合适。第一，这里是小溪汇入大溪处，也是小溪边的次要道
路进村处，于此建亭，可行村门之效。第二，这里的大溪西来南转，可供
多方眺望。向西看，可以直视大溪的源头；向东看，东部廊桥尽收眼底；
向北看，次要道路在村中蜿蜒。人在亭中可纵观全村出入口。以前，洪村
人在外经商、做官，几年才回家一次。家人接到归讯时常在此等候，故此
亭也叫望夫亭。亭子采用单坡式样，从河边老尾的前檐一直坡向大溪。建
筑两间三桷，每桷三柱二穿（右图）。其中脊柱一根，紧贴老屋，步柱和

路亭

左图 位置
右图 结构

廊柱相互靠得很近，紧邻河边。之所以如此，是要利用两者做成美人靠的坐凳和靠背。一穿串联起三柱，二穿串联脊柱和步柱。步柱和廊柱的柱脚插在同一根木垫上，并有拉杆相连。每榀屋架之间有连接的枋木，脊柱一根，步柱一根。脊柱、步柱在下部还有木板坐凳拉结。东部的脊柱间，是老屋出入口，故不设坐凳。廊柱之间上部不设穿枋，但在中下部设置三根栏杆，兼做靠背。路亭的檐口采用靠得很近的步柱、廊柱是本地特色。有些地方只做一根落地柱、一根吊柱。这里做成双柱并置，虽然耗材，但更为牢固。屋面在桁条上设木板条望板，然后排小瓦，可防大风吹起瓦片。

夯土房

上图 夯土房
下左图 夯土层与青砖的结合
下右图 门窗洞

为了物尽其用、因材施用，砖房、土房及简易草房是共存的。洪村也是如此。村中房屋大多采用青砖包裹木结构的方式，但还有少量的夯土房、草房等，它们用于厕所、储存等辅助功能。夯土房只有少数几栋，分布在村子外围（上图）。外部夯土墙，内部穿斗木屋架。从墙上的洞口间距看出，夯墙采用了2米长、40厘米高的小模板水平滑模夯筑，夯筑完一圈后再夯筑上一圈。墙体夯在石勒脚上，并注意与青砖的结合。夯土墙构造有以下几个特点：第一，转角夯土块在每个夯层的转角处都预埋一皮青砖作为加固（下左图）；第二，非转角夯土块与转角夯土块交接时，在两者之间填入丁砖，减少未来的开裂；第三，在门窗的侧面洞口，夯土块的每夯层都预埋眠砖加固（下右图）。另外，在夯土时，每个夯土块预埋一皮砖弱化表面胀缩。为了增强整体性，内部木结构依靠木拉牵和夯土墙相连。

　　近年来，洪村中常住人口是下降的，村落扩张趋于停滞，如需建设，应以利用空置老宅为主。确实需要另建的，不应在老村内建房，宜在上游另辟新址。新址也要遵循历史的规定，只能选在大溪的外侧。目前，新建建筑基本采取独栋式，即内天井式（上左图）。例如，洪章保新宅位于村西河北，共二层。内部是一个三合天井，底层三开间。明间是厅，大厅贯穿整个进深，在前部是通高的二层空间。这是以前天井的遗留。次间是居室，中间以走道分成前后间。在厅前设大门，大门本应该居中，但由于用地向西移动，大门便不在正中，而是偏东，向南山靠拢（上右图）。大门前设前院，使得院门朝东，以求正对此山。关上大门以后，前檐墙上二层大窗成了主要采光源。这个大窗实际上是顶部的天井转移到了墙上（下图）。

内天井住宅

上左图 内天井住宅立面
上右图 大门
下图 贯通空间

内天井住宅内部空间

左上图 柱子底部的券洞
左下图 二楼的空间
右图 从底层看二楼

洪章保新宅的底层大厅铺设木地板，可以防潮，提高舒适度。柱子落在方形的木鼓磴上，鼓磴落在与地面相平的碌石上。柱子底部还开券洞，能进一步隔绝湿气，加强通风（左上图）。上二楼的楼梯不在太师壁后，而是安排在东侧辅房中。辅房底部是厨房，二楼是储存空间。二楼的进深退后，其南面檐口完全开敞，可以架设长杆到一层前檐的短墙上，以资晾晒（左下图）。这里的视廊正好在前院院门的上空，两者一起遥对案山。主房的二层也是内天井式，贯通空间的地方围以栏板，只有探身才能看到楼下的情况。对楼上的人来说，这种设置可以保护自己的隐私（右图）。栏板高于侧面大窗，在二楼几乎看不到室外，光线由屋顶散射下来，十分柔和，产生一种温馨的氛围。

游山

摘要

游山位于婺源西部边陲，坐落在浚溪两岸。浚溪入镇头水，汇乐安河，不经婺源城。村落上下游两岸各以石桥相连，上游石桥泄洪，下游石桥拦财。桥外设路亭标明村界，民居有三合天井式和内天井式两类。内天井民居的前檐门窗组合成牌楼状。建筑的下水位分量较重，以便上游风水进屋。封火墙虽有跌落，但多为屋角升起的人字形。

关键词

游山；廊桥；路亭；人字形封火墙

1 游山村
2 对冲村
3 浚溪

　　游山村坐落在婺源西部的盆地中（上图）。盆地中南北大山对峙，接于西部的凤游山。此山是婺源和景德镇界山，海拔约600多米。峰顶有一座静隐寺，寺下有一汪浚源泉，其溢流东去，成浚溪之源。北部大山连绵起伏，中途有不少裂谷，众多溪流向南汇入浚溪，逼迫后者沿南山而流。南山山形完整，气势如屏，其东首衍生一条100米长的山拢直抵北山山下，形成整个盆地的狭窄出口。浚溪由此而出，然后纳南坑之水，在杨家坞村合镇头水南下，经翠平湖，于乐平市东部汇乐安河，西入鄱阳湖。盆地总长约4公里，分成两段：西段长约3公里，宽500米；东段长1公里，宽200米。前者面积大，这里建筑稠密，从上到下分布着对冲、游山两个村落。

村域

上图 村域卫星图

为了兼顾东段盆地的耕作，游山选址于两个盆地交接处。浚溪贴着南山进入村落，人们将其疏浚成一个下弦月连着上弦月的折弯形态。前者与南面的拱形山势围成村子的主要部分，后者则是滞缓水流、抬高水位之处。村落祖先董氏在北宋年间来此定居，至今已历三十八代。目前全村有700多户，3000多人，是婺源第一大自然村。此地曾以泉名，称浚源。传说唐天宝年间有彩凤来此，故名凤游，后改称游山。目前，浚溪水系依然是一条形如凤凰的流水，其干流为身，泉眼为尾，北部汇入的梳状小溪为翅，东侧弯曲的河道为头。

1 庆远桥
2 题柱桥
3 函谷亭（朝东）
4 瞻云亭（朝南）
5 上门亭（朝西）
6 儒林桥
7 浚溪
8 大樟树
9 董新英宅
10 董志忠宅
11 斜门屋
12 凉亭屋
13 贞训堂
14 三合天井
15 路边新式民居
16 水边新式民居
17 四开间住宅
18 转角店铺
19 董梅开宅

　　浚溪在村尾，经过转折处向东北而去。此时北岸逐渐逼近，水流开始南转，故种植风水林延伸北面山势，作为游山村的水口（上图）。目前，溪水南侧依然有一棵大樟树，它牢牢地限定住河岸，使溪流从北面经过。樟树下架石板桥勾连两岸。紧接其下游，另有一座建造于清末的庆远桥（下图）。此桥单孔石构，上筑五开间桥屋，在旷野傲然挺立。游山村受到它们的呵护，安然坐落在大溪的连续转弯处。为了联系两岸，水上也要建桥。因下方已有锁财的水口，故此类桥不单以风水为要旨，更要兼顾通行和景观。其中一座桥的桥址选在河流下弦月和上弦月的接合处。在这里，上游水转弯而来，下游水转弯而去，两个转弯造就了相对平稳的水面。

村落布局

上图 游山核心区
下图 庆远桥

两桥三亭

左图 题柱桥与函谷亭
右图 题柱桥东面[1]

　　桥位于转弯的下游处，东北—西南走向，垂直河道，一跨过水。因桥体两侧正对西北角与东南侧的山谷，可极目远眺，故以廊桥为宜，名曰"题柱桥"（右图）。昔司马相如入长安时曾在成都升仙桥桥柱上写"不乘赤车驷马，不过汝下也"，今以"题柱"名桥励志。由于桥是东北—西南走向，而下游的山谷却在东部，为使过桥后的流线更为顺畅，便在桥北设亭（左图）。亭大门朝东，面对深远的峡谷，如张口含之，故名"函谷"。此亭面对下游，又称"下门亭"。亭子后门拱形朝西，面对村内，并分出两条道路，一条上桥过河，一条沿河西行。循后者逆流约300米，在上水位沿河另设一亭，此亭靠近南侧北凸的山体，位于村落的西端。亭南北长条形，两层双坡顶，正门方形朝西，遥对天门之高山，故名"上门亭"。亭子后门作拱，朝向村子开敞，与函谷亭类似。亭下游不远处设儒林桥，通向对岸的小广场。此桥与题柱桥不同，古人建桥时认为它要收纳财气，不能遮挡视线，故为三跨简支石板。上、下水口的亭子限定了村子边界。

上门亭较为开敞，下门亭较为封闭。二亭之间即为村内道路，其南部则是村落核心。核心区西部有南山围合，东部却较为开敞，有一条经由题柱桥的道路可到山南的村落。为了标示村门，村口路上也做一亭。亭面朝东南，可远观南山的云气，故名"瞻云"。"瞻云"和"函谷"对仗工整，它们分居在题柱桥两侧，各自把守游山的东大门。东大门既是过境道路的必经之地，也是游山村吐故纳新之所。上门亭则是村落的后门，通向林木茂盛的分水岭，那是外人不能轻易到达的财源之地。

题柱桥建于明代万历年间，采用石拱结构，一跨过溪。桥形较高，既有过船之利，又行关锁之效。石拱用大石发券，券上两侧砌短墙，墙之间填砂石，再于其表铺台阶。为了增加压重、围合上游，桥上建桥屋，故将券表短墙砌筑平齐，以便承接屋架。桥屋五开间，明间较大，次间居中，尽间最小，通面阔与桥跨接近，正好压在桥跨之上。建筑采用穿斗式结构，前后、左右形式对称（右图），构件均为本色扁作，形制颇高。

题柱桥

上左图 桥屋南面
上右图 桥屋结构
下左图 美人靠
下右图 桥屋屋架

  屋架每榀四柱，每边两柱，中间留出宽敞的通行空间（上左图）。内四界中利用大穿枋承托瓜柱，支撑脊桁条乃至金桁。步柱和廊柱间做成美人靠，形成各榀屋架间的维系。由于两侧步柱、廊柱立在短墙上，高于雨水飞溅，故采用悬山顶，显得刚劲硬朗。桥屋两面通透，既不兜风，也可供人眺望远处峡谷。在外侧设置靠近的步柱、廊柱有以下优点：一是可以形成较大的刚度，为中间大跨提供安全；二是利用两柱做成美人靠，加强连接，提供休憩空间（上右图）。在一榀屋架中，步柱、廊柱的上部有穿梁相连，下部则有特制的木质底足（下左图）。底足类似柱础，长条形，供两柱从顶插入，可限定两柱，并为之隔潮。在底足之上，两柱间再设穿梁。有了上、中、下三道联系，两柱间的连接就非常牢固了。屋架彼此间的联系也很重要。屋顶部分有脊、金、步、廊及挑檐桁的联系。脊瓜柱上还有副桁条相互拉结（下右图）。步柱、廊柱上的连接也未放松，上部各有大枋木串起，下部则通过美人靠来加强。廊柱间设两块竖板作为靠背，步柱上架横木作为坐板。它们都是屋架间的连接构件。

函谷亭

左图 函谷亭与题柱桥
右上图 函谷亭东面
右中图 内部休息区
右下图 西门

函谷亭和廊桥配合，形成下村口景观（左图）。亭子的形态一要进出方便，远眺自如，二要和题柱桥相称，故工匠将之做成三间两层，并于明间前后设洞（右上图）。内部屋架四榀，中部两榀屋架仅设前后廊柱，边跨的屋架则增设山柱，由此形成没有内柱的大空间。中部为来往的通道，两侧是休息区域（右中图）。

靠墙处用木板拉结五根柱子，借之形成坐凳。二层结构内收，覆四坡顶。前后檐下开两个大窗洞，既可眺望，也可通风。此顶与一楼的四面腰檐形成重檐，完美地保护了较高的亭子不受风雨侵扰。建筑只开东西二门，外形封闭如关卡。东门方形，便于设门板，西门圆拱，直接对外。从东门而入，只见方形的门洞中镶嵌一个圆拱，视线虽然可以直达远方建筑的白墙，但并不能将村子一眼看尽（右下图）。在圆拱门下方，一条大路沿河而去，另一侧出现了廊桥的几个台阶，它们的导向性与其地位是相符的。东西门上均有门匾，名"函谷"。

瞻云亭

左图 瞻云亭东面
右图 内部结构

　　瞻云亭位于题柱桥以南，坐西北，朝东南。亭子朝向前方的山谷，横亘在通往山南的小路上，内部木结构，外部包砖墙，重檐歇山顶（左图）。亭子的地位稍逊于函谷亭，故建筑面阔仅为一间，左右两山共有6柱落地，柱子在二层高的地方架设3根大梁，可搭建楼板。前后檐的大梁各自托起

两根瓜柱，与落地柱共同支撑屋顶。屋顶与大梁之间再设一圈木梁拉结所有柱子，并作为砖墙的收口。砖墙与上部屋檐间留有空间，可供采光、通风（右图）。搭建楼板之后，此亭如阁，可四面远观。

　　游山的古民居、祠堂大部分集中在溪南偏西处（上图）。民居一般由主房和辅房组成，用地宽敞的还带有院子。主房一般占据比较好的地方，采用三合天井或内天井形式，形态规整。辅房则填充在空隙处，可以是条屋，也可以是三合天井，形态自由。祠堂则多有前后几进。建筑均采用木结构外包砖的形式，非常密集。为了防火，主房采用封火墙，间或露出山尖，而辅房则多采用简易廉价的坡顶小封檐。

总体建筑风貌

上图 古民居密集区

　　游山在水流两侧均设街道，沿街店铺密集，售卖着各种商品。为了招揽生意，建筑一改住宅那种高墙大院的格局，以坡屋挑檐的欢迎姿态为多（左图）。房屋一般两层，有的在前檐口逐层出挑，为自己争得面积，也替行人遮蔽风雨。有的则在门前建造单坡檐伸到水边，形成让人停留的公共凉亭（右图）。村落紧邻河流的发源地，水体清澈。河道每边都伸出大大小小的埠头，供村民浣洗捣衣。埠头的两旁架设各类桥梁，行人络绎不绝。溪中每天都有专人驾驶竹筏从这些桥下穿过，清捞水中杂物。由于空地少，岸边插满了竹竿，供大家晾晒衣物。因河道曲折，上述场景在行进中徐徐展开，洗衣声、叫卖声以及儿童的嬉笑声此起彼伏，让人目不暇接，耳不暇闻。

沿河场景

左图 挑檐建筑
右图 公共凉亭

小溪边的民居

左上图　建筑门前的小桥
左下图　"兰馨松茂"宅
右图　八字形大门

在游山，大溪两岸有9条小溪汇入，号称九龙入海。巷子开口于沿河街道，沿小溪向两侧而去。建筑或沿大溪而立，或伴小溪而生。临水建筑常设小桥通到对岸的路上（左上图）。桥由几块石板拼接，宽度不大，故不设栏杆，利于过水。沿着小溪的建筑有时先设院门，再将建筑后退，两者间留出前院。院墙在入口处也会后退，让出少许过渡空间。此时门前具有一定的欣赏视距，院门便做出花样，展现自己的个性。如"兰馨松茂"宅，建筑入口内凹，中间门墙高耸，两边八字墙宽大。门墙中开一个月亮门，门上写着"兰馨松茂"（左下图）。另有一座"吴灶泉"宅也是八字形牌楼式大门（右图）。大门三间三楼，屋顶下除了砖挑叠涩外，还模仿木结构做出了梁枋。

413

巷子

左图 路面的车辙
右图 券拱

　　游山的巷子很多。由于用地紧张，巷子很窄，宽度一般1.5～3米，最窄的巷子宽约0.6米。两边建筑却很高，几乎达到10米。它们都采用封闭的封火墙，因此气氛相当静谧，与沿河街道的热闹场景完全不同。由于尺度窄，有的巷子不设沟渠伴行，路面全部石砌，大石板铺在中间，两边用河卵石填充。中间的石板被车轮长期碾压，已经磨出了凹痕（左图）。有的巷子为了独自成为更小的里坊，会在巷口筑券门标识。还有的巷子为了烘托重要建筑的入口前庭，也会在前庭两侧的巷中砌筑券洞（右图）。

过街楼

左上图 符镇
左下图 过街楼
右图 晾晒竹竿

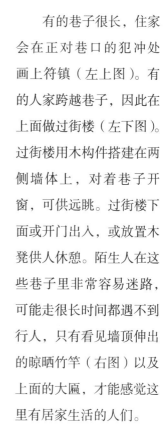

有的巷子很长，住家会在正对巷口的犯冲处画上符镇（左上图）。有的人家跨越巷子，因此在上面做过街楼（左下图）。过街楼用木构件搭建在两侧墙体上，对着巷子开窗，可供远眺。过街楼下面或开门出入，或放置木凳供人休憩。陌生人在这些巷子里非常容易迷路，可能走很长时间都遇不到行人，只有看见墙顶伸出的晾晒竹竿（右图）以及上面的大匾，才能感觉这里有居家生活的人们。

　　这是一座位于村头广场上的住宅。建筑坐南朝北，位于溪流南侧，两者间隔着一个广场。房屋用地较宽，做三合天井式可多出一个开间，于是将房屋分成主房和辅房两部分。主房在上水位，辅房在下水位，房主认为这样利于主房吃到上风上水（上图）。主房中正房三层，厢房两层，厢房之间的院墙下落，做出天井的采光缝。因建筑面对广场，距离水面较远，故大门不必朝水，而是居中位于采光缝之下。房主考虑到广场上人多事杂，为了避免影响内部，门前砌三开间影壁。主房下游则是一开间的辅房，房

屋前部两层，立面与主房平齐。底层另外开门，二层开大窗，争取日照。辅房后部采用和正房一样的结构，并且连在一起，仿佛是正房的衍生。

董新英宅

上图　沿河面

董志忠宅

中图 沿河面

建筑位于村落中部，坐北朝南，面对浚溪。房屋二层，采用三合天井式，内部木结构，外部封火墙（中图）。两厢房山面的封火墙跌落，留出天井采光口。房主建房时，将下水位厢房做得比上水位厢房宽，意在拦住上游的风水。大门开在天井中间，但从外部立面来看，偏于上游。这就是下水位厢房较宽的结果。入口做砖雕垂花门罩、石箍门，装饰繁复。建筑一层不开窗，二层在厢房的山墙，一边开一扇小窗。上水位是花瓶，寓意平安；下水位是葫芦，寓意福禄。

斜门屋

左图 屋顶鸟瞰
中图 大门
右图 沿河面

　　斜门屋位于题柱桥上游的溪流北岸，坐北朝南，由主房、辅房、院子和大门组成（左图）。屋主认为，由于有了院子、大门，辅房就不能放在主房上游，而要位居其下，以便让位于大门使之吃住风水（中图）。这里的主房三间三层，采用三合天井的形式，后面是三层正房，前面是两层厢房（右图）。正房山墙的封火墙向前延伸，并和厢房的封火墙连成一体。厢房之间的墙体跌落下去，形成一个开口，供天井采光。厢房山墙各自开一个较大的窗户，这是建房年代较近的反映。主房的大门居中，上面做木结构挑檐。辅房位于东部下水位，可拢住上游来的财气。辅房二层，底层

422

有一些辅助功能需要直接对外，故另开一门；二层则开大窗，方便内部使用。辅房的下游再接单坡檐，既为拢住风水，也可增加储存空间，这里也自开一门。院墙平齐辅房和单坡檐的山墙，并兜住主房。斜门屋入口位于院墙的西南侧，面对来水。大门开在一个斜置的门墙上。门墙左右设八字形影壁，不仅稳定，也非常隆重。影壁造就了门前的过渡空间，也便于大门和院墙交接。门洞一开间，上面再设一个披檐，遮蔽着下面的门匾，并与门墙的檐口形成重檐。这个门洞虽小，但形制较高。

凉亭屋

左图 鸟瞰
右图 沿河面

　　凉亭屋位于村中，坐落在溪流南侧，由主房、辅房组成（左图）。主房三合天井形，由正房、两厢组成，共三层。主房面阔宽，进深小，于是坐西朝东，以山墙面水；辅房二层，以单坡接在正房西侧，两者合一，并未占据过多沿河面，颇为得体。此布局虽使主房侧面朝水，但能使之纳阳，也是可行的。主房沿河面一层居中设门，两侧设窗，门窗上均有门拱形雨棚，为晚清常见。二层中间依旧开大窗，是以前纳阳大窗的遗韵，两侧则是拱形小窗。下游拱形小窗上方，有厢房伸出的屋檐，用于排水。这

个山墙立面按照传统做法是很少开门窗的,但是房屋中唯它面水,故如此应对。辅房接在正房后侧,单坡向外。辅房的沿河山面另接一个单坡(右图),一是为了遮蔽辅房山面的雨水,二是为了在下面做披檐。披檐插入单坡之下,并一直延伸到河边,形成经过式凉亭,沿河做美人靠,内部墙上开设大门,可供售卖。此凉亭位于店铺之前,不挡主房立面,更衬托主房的堂堂仪表。

　　游山村原为单一董姓家族居住，连绵八百多年，各类祠堂众多，贞训堂便是其中一座。房屋建于清末，用于祭祀福相公的孙媳吴孺人。吴孺人在不到三十岁时丈夫去世，她侍奉双亲，哺育幼子成人，故得到董氏家族为其建祠旌表。堂名"贞训"，意为贞洁之志可为世训[1]。建筑位于溪北，坐北朝南，天井式（左图）。中间的天井凹下，仅在门廊后檐处设檐沟承接滴水，其余三面不设，依靠长管收集雨水下流，扩大了天井的活动范围。天井中铺设厚重青石，并置通长踏步上到祭堂，非常气派。因天井采光好，故四面梁枋做雕刻。纹路以卷云为主，具有元明遗韵。上堂正贴采用抬梁式，月梁上设瓜柱，后金柱间置太师壁，稳定左右屋架。边贴高薄型拼合穿枋穿起四柱，可抵御前后变形（右图）。上堂的光线微微暗淡，故少有雕刻。建筑内部为白色墙壁，黑色木构，素雅大方。

贞训堂

左图 天井
右图 祭堂

三合天井

左上图 天井地面
左下图 祖堂地面
右图 "福"字墨绘

游山村的古民居多为三合天井式，二层，正房出檐较大，再加上两边厢房逐次向天井出挑，天井的上空收缩成穹隆形。天井的地面用石板铺就，与周边廊下一样平整，只是在承接檐沟滴水的地方，稍微凹下，利于排水（左上图）。祖堂的地面四周是石板，但中部却是夯土。这里采用素土夯实利于地气吐纳（左下图），且不腐蚀房屋木构。从祖堂前看，对面凹口的墙檐下有一个"福"字墨绘（右图）。它处于檐口阴影下，不被雨水沾染，可保存长久。虽说有天井的眩光，但由于地面散射及白墙衬托，"福"字依旧可以辨识。两边厢房在受光的栏板上施雕刻，下面退后的梁枋处于阴影中，故素平无雕刻。

　　路边新式民居由主房和辅房组成，不设前院（上图）。主房在西部上
水，辅房在东部下水。主房两层，内天井的形式。明间是厅，通进深。厅
前部是高达两层的通高空间，次间一层的前部是走廊，二层直接抵到前檐
墙。在外部流水较远的条件下，建筑在明间设门。门边设高窗，给厅采光。
这个窗子要给整个厅带来光线，位置要高才好。高窗两边再设窗户，给走
廊采光。由于走廊进深浅，窗子的高度比明间之窗稍低，但也在路人的视
线以上。二层的空间并不常用，故明间不开窗，只在两侧次间开小窗。为
了防水，前檐门窗洞均设挑檐。门洞最为隆重，用砖块仿出梁枋结构，支

撑上面的屋面，故其高度最高，两边窗户的挑檐逐步降低，由此形成一种
中间高、两边低的排列，如同五间五楼的牌坊贴在墙上，张扬了立面的气
势。辅房一开间，前面一层，后面两层。一层的前檐上砌筑花墙，搁置从
二层开敞檐下挑出来的长杆，可供晾晒。

路边新式民居

上图　建筑南面

　　早期的内天井住宅，二层并不常用，外墙只开小窗。后期建造的住宅中，二层经常住人，因此开设了大窗。如果内天井建筑紧邻水边，水的影响就会显露，使得建筑主房放在来水上游，辅房放在下游（左图）。为了争取水中财气，明间的大门也要在上游，为此，这里的窗户会被大门取代。大门不在厅之正中，其余厢房窗的位置虽然照旧，但立面已经形成不了那种对称的牌楼式了。这种形式更凸显对来水的尊重。辅房的样式基本不变，也是二层带前披檐的形式。一层开门对外，二层作开敞的阁楼，并且可架设长杆到一层檐墙上进行晾晒。有一些建筑虽然不带辅房，但大门布局依旧遵守这种以来水为上的准则（右图）。

水边新式民居

左图 带辅房的二层建筑
右图 不带辅房的二层建筑

四开间住宅

　　此宅地处村头广场对面。房屋沿河，坐北朝南，位于高高的石台基之上，可防洪水（上图）。建筑四开间，由三开间主房和一开间辅房组成，两者外墙、屋顶平顺相接，浑然一体。由于水从西侧而来，因此将辅房放在西侧，主房放在东侧，力求以分量大的主房来抵住分量小的辅房，拢住上游的风水。主房内天井形式，立面的一层采用了牌坊式门窗。中间大门

最高，两侧窗户逐渐降低。主房二层在东部开横向大窗纳阳，西侧相应位置则开小窗。辅房接在主房西侧，也为两层，下为窗户，上为横向大窗，其形式、功能与东侧大窗一样。大门中轴东侧的门窗间距稍微收紧，让出角部较宽的墙体，增强了抵御上游洪水冲击的能力。

开店

左图 凉亭正面
右图 凉亭侧面

当民居要破墙开店时，可以利用辅房，也可以利用主房。这座民居位于溪北，原是内天井形。为了适应对外经营的需要，下游的厢房开设了一个大的门洞（左图）。为了给门洞遮雨，架设单坡凉亭至河边，并在沿河面将连接结构做成美人靠，既可休憩，又能为门前买卖提供庇护（右图），其做法与题柱桥类似。凉亭面阔对着厢房，并不影响原来正门的出入。

在游山村东南部，另一处民房也扩成商铺。这座房屋二层，坐北朝南，主房在东部，辅房在西部。房屋的南面是一条横街，主房的东山墙紧贴到南部村落的道路，交通十分便利。主房、辅房一字排开，都有独立的门对外。主人利用主房开店，因为它更加靠近转角，可达性强。主房前面架设单坡廊作为交易场所（左图）。单坡廊到了转角处向下跌落，且平面变成了斜角，一是为了在高度上减小对转角的压迫，二是为了和转弯的道

转角店铺

左图　建筑南面
右图　转弯柜台

路吻合（右图）。这里安装转角形的柜台，可内置一些价值大而体积小的商品。主房门口的单坡廊下不设柜台，摆放一些体积大的杂货。由于大门给了店铺，辅房的侧门便成了主要出入口。为了防止辅房门前受到买卖的干扰，单坡廊的山面用墙体封住。此举不能亏了单坡廊的内部采光和通风，故山墙上设置了一个窗洞。

董梅开宅是游山村木雕精美的房屋之一。建筑位于溪南，坐西朝东，三间两层。底层明间六扇隔扇用冰裂纹，点缀梅花雕，再于中部嵌入扇形小窗，填以各式纹样，既可吸引人们目光，又可保护内部私密。下部裙板则素平，仅起了一圈海棠线（左图），以耐风雨。其余夹堂板等均施雕刻。为了保护木雕，二层利用吊柱出挑深远。为此，前檐柱上出斜撑抵住吊柱下部。斜撑巨大，故刻成仙人、狮子减其笨重（右图）。二层开通面阔短窗。屋顶再次出挑。瓜柱上利用三跳斗栱承托三根挑檐桁，并飞出飞檐。

董梅开宅

左图　前檐木雕
右图　靠墙斜撑

儒林桥和井

上左图 儒林桥和泉井
上右图 方井
右图 圆井

儒林桥在村子上游，为两墩三跨简支石板桥。桥墩前置分水尖，每跨桥面均由三块青石板拼成，非常厚重，可在大水漫桥时保持稳定。此桥是洪水进村的第一站，具有阻挡漂浮物的作用，可保下游题柱桥的安全。桥名"儒林"，与题柱桥呼应，均有振兴文风的寓意。紧接在儒林桥的下游北岸有一个泉井，井位于河道之中（上左图）。据当地老人说，此井已经有千年历史。早先的人们看到这里的河沙不断上涌，得知这是一眼喷泉，于是将它掏深后用条石围成四方井台，并于下游台表凿出一条溢流沟。后来，人们又在下游砌筑台阶而下，于井口铺上木板，方便挑水。下到井台的台阶放在井的下游，可以避免上面的泥土进入井中。井水来自地下，冬暖夏凉，与溪水相异，世人称之"井水不犯河水"。井的历史应该是早于儒林桥的。人们架桥的起初，很可能就是为了这里的井水。桥位于泉井的上游，虽说是避开台阶的必然选择，但客观上也有阻拦上游泥沙的作用。南岸村中另有两口井，一口方形（上右图），一口圆形（右图）。方形的井栏为四条青石拼合，圆形由整石打制。

入口

左图 凹入式雨篷
右图 砖石门罩

　　民居的外部比较封闭，大门是装饰的重点。如果有前院，那么院门的装饰就比较多；如果没有前院，那么装饰就由主房的大门来承担。游山民居的大门装饰有雨篷式、门罩式两种。由于这里降雨较多，这两种方式都要出挑较大。雨篷式是将墙体内凹，做成凹入式的入口，在上面架设木结

构的屋顶（左图）。这种方式可以在门前留出踏步的空间，不占用外部巷子，如浚溪北面的一座房屋。建筑的大门朝西，入口为八字形的凹入式，上面是木结构的屋顶。屋顶为跌落式，中部屋顶最高，两侧屋顶下落，附着在八字形的侧墙上。屋顶下面搭建横跨凹口的木结构。为了支撑上面的屋顶，木结构中设吊柱。吊柱的垂花、穿枋的挂落等成为装饰的重点。另一种装饰是用砖石砌筑的门罩（右图）。比较早期的门罩先用青砖隐起梁枋的结构，再用灰塑做成起拱的琴面，最后在上面施加墨绘；后期的门罩则是用砖雕直接形成梁枋。梁枋上面一般用青砖叠涩，砌筑并排的四组斗栱，用来支撑上面的望砖、椽子及瓦片。后来，独立的砖雕斗栱演变为纯粹的叠涩，施工更加简易。

荷瓶与和平

左图　建筑正面
右图　荷叶宝瓶

　　建筑的窗子虽小，但也是装饰的重点。这座民宅为三合天井式，正面对称，青砖门罩，青石门枋（左图），砖雕纹理浑厚。一层在大门两侧开花瓶式小窗（右图），上面的雨篷则是一片砖雕的荷叶。荷叶倒垂，犹如盔顶。叶面叶脉毕现，其边缘向外翻出，既遮蔽花瓶式窗洞，又便于滴水。荷叶寓意"和"，花瓶寓意"平"，合称"和平"。荷叶的下部还有一些墨绘，包括寿字、万字等。此砖雕由数块砖拼接而成，制作、施工都比较便捷。

木雕

上图 凤穿牡丹
下图 狮子盘球

　　游山村民居的木雕基本出现在天井四周，题材以动植物、戏文、几何图案等为主。梁枋上喜用凤凰、牡丹，表示富贵、美好。檐下的斜撑上常用狮子、小鹿等，寓意事事如意、福禄双全。这是位于嘉会堂檐口枋木上

的凤穿牡丹木雕，由两侧的凤凰和中间的牡丹组成（上图）。凤凰向两边
飞去，却又回看中间的牡丹，形成一幅虽然很长却又紧凑的构图，符合了
梁枋的形态。两只凤凰形态各异，右侧的凤凰刚要落地，左侧的凤凰却又
腾空而起，画面富有动感。由于这里处于檐下，很少强光直射，因此雕刻
细腻。凤凰腿如银钩，翅如铁扇，尾巴却好比柔软的杨柳随风飘拂。刀法
的对比是强烈的，过渡是自然的。凤凰的周围是蔓延的枝叶和盛开的花
朵。因凤凰的主体线条硬朗，故在花团锦簇中依旧显眼。摆动的尾巴和牡
丹的花枝相融合，使得凤凰仿佛从花中诞生，正要冲出花丛。天井檐下的
吊柱常用斜撑支撑。斜撑上也做雕刻。这件雕刻是一个狮子盘球（下图）。
由于木雕位置较低，且是孤悬于天井四角，故要考虑多角度观看。狮子采
用圆雕的手法，身体虽然向下趴伏，但依旧昂首翘臀，不仅表现了趾高气
扬的气势，也利于天光在身上投下阴影，突出其立体感。

壁画

左图　小窗壁画
右图　转角檐口壁画

　　除了砖雕之外，壁画也是常见的装饰手段。出于保护砖墙的目的，民居外表常抹白灰，这就形成一种很好的壁画基底。檐口转角及门窗上方，为了遮蔽风雨，常做挑篷。所以这里的白墙不沾雨水，可保持常新。又因为位置高、光线足，在此彩绘更具事半功倍的效果。游山靠近景德镇，景德镇汇集天下画师，流风常波及四周，因此游山的壁画也是比较精彩的，有工笔、写意及混合型等类别。题材以花鸟、戏文、符镇等为主。颜色有纯粹墨绘，也有墨绘掺入赭石等颜色。这户小窗洞的挑檐四周就分布着大量彩绘（左图）。窗檐下方是由卷草构成的帷幕，上方则是屋脊和鸱吻。鸱吻是避火神兽，这里画得如同精灵。它们在屋脊两头紧咬屋脊，尾巴上翘，似乎要将帷幕拉起。另有一些彩绘则集中在转角的檐口（右图），为了与转角结合，图案采用四分之一圆的形式垂挂在转角的下方，内部绘制非常具象的飞凤，外部则用回纹、卷草状的祥云作为过渡，使之逐步扩散到白墙之上。

　　建筑正面的大门和上部挑檐间有一面白墙，这里对着来人，常于此镶嵌门匾，如果没有匾额，就施加壁画。这是一幅丹凤朝阳图（上图）。画面上一只凤凰独立在一块石头上，它一足支地，一足收起，身子前探，似要前行，却又举头回顾天边的红日。凤尾长长，并在末端卷起，似在维持身体的平衡。周围的朵朵牡丹随风摇曳，有一支还伸到凤凰上方，打破了长尾造成的斜角构图，使画面更为饱满、稳定。壁画构图严谨，笔法细腻，

用色淡雅，历经百年全貌犹存，甚为难得。这里地处凤游山，门楣上画上丹凤朝阳，既隐喻当地历史，也有祝愿"贤才逢明时"的意思。

门上壁画

上图　丹凤朝阳图

　　这是一幅鲤鱼跃龙门的工笔线描壁画。画面位于一个拱门之后，位置显要（左图）。由于拱门上方白墙很大，如何设定画框是首要的问题。拱门已经是圆形，再用圆形显得重复；如果用方形图框，也和门上的横向连楹冲突。因此，画师采用了六边形的画框，此形介于矩形和圆形之间，甚为恰当。画面中飞龙在上、鲤鱼在下，两者相向而行。鲤鱼卷曲身子，正要奋力而起，飞龙则张开大嘴，似要咬住鲤鱼的胡须，为它跳跃龙门助力。周边云气翻腾，波涛汹涌。一条小鱼被波浪抛在空中，紧张得目瞪口呆。走在门下的人们抬头看见这幅图画，无不被深深震撼，仿佛自己化身为那条小鱼，一时间也屏住了呼吸（右图）。

门后壁画

左图 壁画的位置
右图 鲤鱼跃龙门

结语

　　本次研究共选取了九个村镇，其中清华、长滩、延村、西冲和洪村靠近婺源的核心部位，而裔村、查平坦、诗春和游山接近外围地区。

　　从村落的选址布局来看，它们无不逐水而居。根据水情不同，村落形态又有以下变化。处于小溪源头的，因水量有限，洪灾较少，建筑与水流的关系十分密切，房屋一般会紧贴水流布局。例如查平坦，村落处于高山的台地上，三面围合，对着西面开敞，几条小溪从村中流过。为了留住水体，村中挖掘了不少水塘。建筑围着水塘，形成一个个群落。进出村落的古道沿着等高线缓慢而下，而水流则要灌溉农田，两者并不共线，于是在古道上利用山势经营进村序列。又如西冲，村落所在的山谷比较狭长，其水系六水朝西、合流向东，村落便建成三块条状的堤坝拦住流水。由于村内过于狭窄，宗祠被安排在村外的开阔地。再如诗春，村落位于天马河和诗春溪的交界处，远离大河天马河，紧贴在北部支流诗春溪西侧，并于溪流上设置众多埠头。其余如游山、洪村，流经村落的水流都不大，故村落与水互动明显。游山为了便于用水，建筑夹岸而居，洪村则偏居北岸，将易受泛滥的南岸作为农田。

村落如果处于河流的中下游，河水涨落势大，建筑一般要位居河边的坡地上，距大河较远，利用水圳和小溪取水。例如畲村，这里地处婺源最高山的南侧，降雨多、汇水广，故村落远离大河，位于河西的高坡上。由于地势空旷无收束，便在水尾建造大石桥、种植风水林。如果村前的大河可以行舟，还会修筑码头发展航运，如清华、长滩、延村。清华位于古坦水、浙源水的交界处，水量较大，故村落位于西侧的高山上。为了便于交通，河上架起了数座廊桥。长滩则位于婺水进入峡谷的起始处，水流易涨，民居则位于东岸的西坡上，面对大河，并在河中设码头。而延村位于大型盆地的下游水口，流水易堵，洪灾易发，故建筑也位于北岸缓坡上，伸出码头放筏。无论是小溪还是大河，在河流流出村落的地方，总是较为狭窄的。即使自然条件不具备，古人也要用一些堤坝、建筑或风水林加以约束，以便留住水中的财气。

村落的民居都是木结构外包墙体的形式，大致有天井式、内天井式两类。前者历史早、占地大、形制高，用青砖砌筑跌落式封火墙；后者历史晚、占地小、形制低，常用青砖砌筑人字形硬山墙。另有一些简易的内天井式住宅使用夯土墙作为围护，它的屋顶就采用挑檐悬山式。天井式住宅在用地小、人口少的情况下会逐步演变为内天井式。从地区分布来看，婺源中部村落的民居规模大、形制高，外围村落的民居规模小、形制低。清华、延村、长滩、西冲、洪村这几个村子位于婺源的核心地带，它们接近河流，交通方便，经济条件比较好，产生了很多大宅，多为采用跌落式封火墙的天井式。而裔村、查平坦、游山、诗春处在婺源较偏远的地区，这里用地紧张，水流较浅，交通主要依靠山路，经济水平较低，故以小型的内天井式居多。从村落整体来看，村中位置较好的地方常为天井式，而在边缘地带常为内天井式。这两种形式一般都附有辅房。辅房或是杂物用房，或是前院，其安排要能平衡地势，并使得建筑吃到风水。祠堂一般两进三落，体量较大，或位于村落中心，具有经过窄巷而产生欲扬先抑的效果，如洪村的光裕堂；或位于开阔村头，直接把守村门，营造雄伟的入口气氛，如西冲敦伦堂、诗春允洽堂。桥梁分无廊之桥和有廊之桥两类。没有挡风水要求的一般采用无廊的石拱桥和简支桥，它们多在中上游，如游山的儒林桥、洪村的培源桥等；有挡风水要求的一般要建成廊桥，且位于村落下游。廊桥又有石拱桥和木梁桥两种。洪桥村的水尾廊桥就是石拱廊桥，清华彩虹桥则是多跨简支的木廊桥。

村落布局的宗旨是使得更为广大的上游资源在自己的天地中沉淀。因此，村落的进水口比较宽阔，出水口比较狭窄。故上游的天门不设阻挡，下游的地户却要用风水林、廊桥、庙宇等进行封护。建筑布局也以吃到风水为准。建筑的天井可获取从上而来的天光，产生向上而去的气流，并适应各种朝向。建筑的大门及辅房可灵活安排，来吃住外部山水中的好运。这两大法宝使得住宅能适应村落的各种选址和布局。面对上游的风水，若将村落比作一个漏斗，那么建筑便是漏斗中的滤网。它们共同网罗着上游的财气，并将肥水排到下游的田中，日夜流转，吐故纳新。

参考文献

概述

［1］陈爱中．婺源［M］．苏州：古吴轩出版社，2003：4.

清华

［1］婺源县文联．婺源风物录［M］．1986：51.

［2］陈爱中．婺源［M］．苏州：古吴轩出版社，2003：100.

［3］洪忠佩．婺源的桥［M］．北京：生活·读书·新知三联书店，2014：75.

诗春

［1］诗春施氏宗谱六十二页

［2］诗春施氏宗谱六十五页

洪村

[1] 薛力. 比邻沿水 向心朝山 江西婺源洪村 [J]. 室内设计与装修，
2015（11）：124–127.

游山

[1] 詹显华. 婺源古村落古建筑 [M]. 北京：中国科学技术出版社，
2021：449.

后记

　　对婺源来说，上述村镇只是很小的一部分，并不能尽显其美。

　　即使在这几个村镇中，研究也是不充分的。这里面的内容，有的直接引用了当地人的说法，有的则是我自己的推测。因此，这些观点具有片面性，甚至存在根本错误，请读者批评、指正。

　　乡土建筑的整理是很繁重、很迫切的任务。我每次回访的时候，虽然会因有所解惑而高兴，但也会看到新的毁弃而不舒服，想要改变这些，却又无能为力。这个时候就会意识到自己的力量实在是太渺小了。非常感谢在调研过程中来自各方的热心人。他们对我的困难总是倾其所有，毫无保留。他们中有的人知道，但没有办法写；有的人能写，却没有时间来。我很幸运、也很自豪能够在他们的帮助下做事。

　　希望这本小册子能够对大家有用。

2023年6月14日

薛力

图书在版编目（CIP）数据

中国乡土建筑．婺源／薛力著．—北京：中国建筑工业出版社，2023.12
ISBN 978-7-112-29247-9

Ⅰ.①中… Ⅱ.①薛… Ⅲ.①乡村—建筑艺术—婺源 Ⅳ.①TU-862

中国国家版本馆CIP数据核字（2023）第184165号

责任编辑：徐　冉
文字编辑：郑诗茵
责任校对：赵　颖

中国乡土建筑　婺源

薛力　著

*

中国建筑工业出版社出版、发行（北京海淀三里河路9号）

各地新华书店、建筑书店经销

北京锋尚制版有限公司制版

北京中科印刷有限公司印刷

*

开本：880毫米×1230毫米　1/32　印张：14½　字数：386千字

2023年12月第一版　　2023年12月第一次印刷

定价：**58.00**元

ISBN 978-7-112-29247-9

（41957）

版权所有　翻印必究

如有内容及印装质量问题，请联系本社读者服务中心退换

电话：（010）58337283　QQ：2885381756

（地址：北京海淀三里河路9号中国建筑工业出版社604室　邮政编码：100037）